山に生きる　福島・阿武隈

シイタケと原木と芽吹きと

鈴木久美子【著】
本橋成一【写真】

彩流社

プロローグ——山はどうなっているか

逃げろ、逃げろ。

二〇一一年三月一一日、福島県の中通りにある田村市都路町《みやこじまち》。前日の東日本大震災と、続く東京電力福島第一原子力発電所（以下、原発）の全電源喪失による水素爆発で、坪井哲蔵さん（七〇）、英子さん（六四）夫婦は、何が起きたのかよくわからないまま、せかされるように避難していた。自宅は原発から二〇キロも離れていない。

「地震の日は自宅に一泊したんだけど、次の日、それではだめだとなって。親戚の老夫婦がまだ残っていっから（いるから）、若い人が近くにいないから、連れ出してまとめて車で運んで。みんな手いっぱいなんだよね、自分のことで」と哲蔵さん。

英子さんも「まさか爆発なんて、なあ。すっと思わねえべしさ。避難しろって放送を聞いた人もいるし、でもおら聞かねえべし」。

二〇一九年の一月、都路町の二人の自宅の居間で、こたつに入って聞くその話は、事故からもう七年以上過ぎているというのに、まるで昨日のことのようだった。

二人はシイタケ農家だった。標高約五〇〇メートル、なだらかに続く阿武隈の山の森で、昔ながらのやり方で栽培していた。原木といって長さ九〇センチほどにそろえられたコナラの木にシイタケの菌を植えて「ほだ木」を作り、風が通るように組んで山に置く。都路町の山は原木の生産が盛んだったのでコナラの木が豊富にある。

「山があるから、シイタケ栽培もできる」

原木の本数にして一万二、三〇〇〇本を家族で手掛けた。事故の時も山に入って作業していた。都路町は原発から三〇キロ圏内にすっぽり入り、うち東部は二〇キロ圏内に位置する。町内は全域に避難指示が出された。二人は同じ都路町にある英子さんの実家に一泊、続けて郡山市に二カ月、仮設住宅が隣町の船引町《ふねひきまち》にできてからはそこで二年……と避難生活を送ることになる。

避難していても、気がかりは残してきたシイタケだった。事故から一〇日ほどして哲蔵さんは英子さんと二人で様子を見に行った。原発から二〇キロ圏内は高線量のために立ち入り禁止だったが、警備の目をかいくぐった。「ガードしてたから、そっちじゃなくて、上の道から回ったんだ」

収穫を間近に控え、ほだ木は露地からビニールハウスに大切に移され、最後の仕上げに入るところだった。哲蔵さんは、そのハウスに入って驚いた。

「中に入ったら真っ白。かさが全部開いちゃって。うわあ、何だこれは、胞子がいっぱい飛んでる、と」

煙のようだった。胞子の増殖。いのちの爆発。何もなければ毎日収穫が続いていたはずだった。

「もったいないから後から食べた。これで最後だよって」

人けのなくなった静まり返った山で、胞子のもやに包まれたたずむ哲蔵さんと英子さんが、私の頭に浮かんで離れなくなった。

＊

原発事故の深刻度をはかる国際評価で最も高い「レベル7」、旧ソ連・チェルノブイリ原発事故（一九八六年）に次ぐ規模の放射性物質を放出した原発事故で、福島の大地は広範に汚染された。事故から一一年、二〇二二年一二月の福島県の調査で二万七七八九人がいぜん、避難生活をおくっている。

それでも残った農家らは田畑の土を掘り返して表土を入れ替え、できた作物の放射性物質を一つずつ測定するなど、並々ならぬ努力をしながら作物を作り続けてきた。

そのかいあって、米、野菜、果物……徐々に農作物の放射性物質濃度は基準値の一〇〇ベクレル／キロを下回り、やがて「不検出」となって、多くの作物の出荷が再開された。朗報だ。でも、それはもっぱら農地の話で、山の様子は、当時群馬や東京、名古屋など都市部で日常生活を送っていた私には、なかなか聞こえてこない。

福島県は面積の七割が森林だ。山はどうなっているんだろう。民家の際《きわ》二〇メートル程度以外、つまり大半は除染されていないままだ。

そんな疑問を抱いていたころ、二〇一八年になって、都路町のシイタケ原木の話を、写真家でチェルノブイリ原発事故被災地の人の暮らしを撮った作品もある本橋成一さん（七八）から聞いた。本橋さんは、高校生のころには学校の活動でシイタケを育てていたこともあり、シイタケに強い関心を持っている。都路町はコナラやクヌギ……シイタケを栽培するための原木の一大生産地であったのに、放射能による汚染のために、生産ができなくなり原木シイタケの生産も止まっているというのだ。実際、原発事故前まで、福島県はシイタケ原木生産量で全国でもトップクラスだった。県外出荷量が全国一。出荷先は九州、沖縄以外の全国に及んでいた。事故前年の二〇一〇年の林野庁の調査（特用林産物生産統計調査）では、各都道府県別に、地元外から調達した原木のうち産地の分かる九四％分、四万七七七五立方メートルの内訳をみると、福島県産が二万七二一二立方メートルと五七％を占めた。二位の山梨（二七四九立方メートル）、三位の岩手（二六四八立方メートル）などとは桁違いだ。

都路町は、福島県内でもシイタケ原木生産の一大拠点だった。日本の原木シイタケ生産を支えたといっても大げさではない。ところが、事故翌年の放射性物質の数値は、原木になるコナラが、指標値五〇ベクレル／キロに対して二五〇〜二八〇〇ベクレル／キロを測定。県内のキノコでも、基準値は一〇〇ベクレル／キロであるのに対し、事故から約一カ月後に採った露地栽培の原木シイタケで二四〜六三〇〇ベクレル／キロ、天然キノコでは秋に採取したチチタケ二万八〇〇〇ベクレル／キロ、ハツタケ一万九九〇〇ベクレル／キロ……と高濃度の放射性セシウムが検出された。二〇二二年三月現在、原木シイタケは原発のある福島県東部の一七市町村で出荷制限が続いている。

七〇代の元シイタケ農家は、「後継ぎの息子は三〇代半ばなんだが、言ってやっているんだ。もうあと五年で生産が再開できなければ、別の道に行けよと」と悔しがり、別の七〇代の元シイタケ農家は「私が生きている間は、原木シイタケの生産は無理です」と嘆いた。

さかのぼって二〇一八年の年末には東京都内で「放射能汚染地域におけるシイタケ原木材の利用

再開・再生」（森林総合研究所など主催）という報告会があって、放射性物質の量が半分になるまでの期間（半減期）が三〇年かかるセシウム137の山の中での動きや、汚染状況を把握したり改善したりしようとする真摯な取り組みが発表された。会場で聞いていて、ざわりとしたのは、伐採せずに立木のまま樹木のセシウムを測定できないか、また、持ち運びできる測定機器はできないか、汚染を防ぐため伐倒した木が地面に触れないようにしなければ……と、事故からもう七年以上経過しているというのに、あまりにも地道な現場の課題に林業試験センターなどが向き合っていたことだ。山の汚染からの回復の道のとてつもない長さを感じさせる現実だった。

シイタケという身近な食べ物が登場して、私の中で、山の苦境が現実に像を結んだ。原木の生産者がいるということも、言われてみれば当たり前だが、それまで気付いていなかった。

この阿武隈で、人は山とどう関わってきたのだろう。原発事故でシイタケも原木もだめになったのなら、暮らしと山の関わりはどうなっているんだろう。

もっと知りたくなった。

広葉樹の山にすむ人々に、会いに行った。

福島県の地図

山形県
宮城県
潟県
福島市
相馬市
飯舘村
南相馬市
30km
20km
二本松市
会津若松市
会津地方
葛尾村
浪江町
双葉町
田村市
郡山市
福島第一原子力発電所
大熊町
中通り
富岡町
川内村
見町
楢葉町
浜通り
石川町
白河市
古殿町
いわき市
栃木県
茨城県
★＝田村市都路(みやこじ)町

阿武隈山地の南北ほぼ中央に位置している都路

もくじ◉山に生きる　福島・阿武隈——シイタケと原木と芽吹きと

プロローグ——山はどうなっているか　3

第一章　**途切れた「循環」**　13

シイタケ原木林　13／萌芽を育てる　17／炭焼きのころから　19／順番に伐ればいい　22
種駒と中山間地　25／良質の原木に人が集まる　31／要望にていねいに応える　33
「出稼ぎに行くよりも」　37／パルプばかりじゃ「赤字」　39／「原木は、いつになったら
売れますか」　42／広葉樹の林業は「知的財産」　46

第二章　**「結」で炭を焼いていた**　56

最後の炭焼き窯　56／木炭生産組合　61／冬はつとめて　66／「東京出荷に不良品は
出さぬよう」　69／「気持ちが宙に浮いてしまった……」　74／トロッコレールを復元　78

第三章　**都路の森林組合——ここで暮らしが続くように**　100

木を使い切る　100／所有者にお金を返す　106／手入れして良い山をつくる　111
二〇年後へ　116

第四章　自然の恵みに気がついた　118
「山は自由だ」　元原木シイタケ農家　坪井哲蔵さん・英子さん　118
「チェルノブイリに行ってみるか」　元原木シイタケ農家　宗像幹一郎さん　126
「自然をおそれないのは、いけないいな」　ナツハゼジャム作り　渡辺ミコ子さん　132
「生きものは、ぶん投げられない」　牛農家　松本文子さん　138
「空気も水も境はない」　カジカ放流　吉田幸弘さん　145

第五章　取り戻した山　151
合子集落の共有林　151／山林引き戻し運動　160／ひいじいさんたちが作った図面　164
「子どもたちでは、できねえぞ」　168

第六章　絶やしたくない　182
「ここにある物をどう使うか」　シイタケ原木生産・販売　阿崎茂幸さん　182
「何百年でも続けられる」　農園「妖精の郷」　工藤義行さん　192

第七章　木を植える　199
植林イベントに県外からも　199／きれいに、しまいたい　201
一五〇年の山づくり　205
エピローグ――人は手探りをしていた　208
あとがき　213

＊撮影者の注記がない写真は本橋成一氏撮影。

第一章──途切れた「循環」

シイタケ原木林

都路へ行く足は車である。バスは一日一〇本も通わない。シイタケ原木とはどうやって生産するのだろうか、話を聞こうと二〇一九年一月、田村市都路町にある、ふくしま中央森林組合都路事業所に電話をかけ取材を申し込んだ。福島県のシイタケ原木生産の中心を担ってきた森林組合だ。現地に行くのは初めてだと告げると、青木博之所長（五七）が、田村市内では事業所の最寄りになるというJR船引駅まで迎えに来てくれることになった。

東北新幹線、郡山駅で乗り換えて、ローカル線のJR磐越東線に揺られて東へ約三〇分。船引駅で列車を降り、改札へ向かってホームを歩くと真っ正面の突き当たりに、大きなわら人形が一体、こちらを向いている。眉毛はつり上がっているが、両手は開け広げている。ということは、旅人を歓迎してくれているのだろうか。足元の掲示板を読むと、「お人形様」と書かれている。地元の厄よけの神さまという。再度顔を見上げると、凝視された気がして不意を突かれ、ひょこりと頭を下げた。

当日は曇り空。迎えに来てくれた車には、都路事業所の渡辺和雄さん（五六）、松本正弘さん（四二）も同乗している。あいさつもそこそこに、促されて車の助手席に乗り込む。運転席に座った青木所長は、ごつい手でハンドルを握りながら、どんどん話し始めた。

「上から見てきた？ グーグルの写真で。ここの山」

のっけから、こんなまっすぐな問いかけである。見ていないと正直に答えたが、それに関係なく、いや、もしかしたら関係していたのかもしれないが、どんどん話す。

「上から見て黒々しているのはスギ。日本の林業はこういう黒い所しかやらない。雑木、広葉樹しかないところは、仕事をやる人も国も重く考えていない。経営が成り立たないっていう意識なんだね。その中で、うちみたいに広葉樹でシイタケ原木やってる所が崩れるとね……」

話は飛んでいるようでもあるし、いや、私の理解が全く足りていないから、ついていかれていないような気もする。

「今の問題は放射能と賠償だ」

二〇一一年三月一二日に原発が爆発して、放射能が山を汚染しシイタケ原木の生産を止めてしまったこと、のみならず、影響がいつまで続くのかわからないから生産の見通しが立たないこと、また、事故後に東電から支払われた賠償金が、地域のまとまりを崩してしまったこと、さらに、多額な復興予算も結局は東京のゼネコンなど企業の懐に流れてしまい、地元に落ちるお金は少ないこと、それより時間をかけてもいいから地元にやらせてもらえていたら……と続く。

話の振れ幅が大きく、ジェットコースターに乗っているようだ。ただ、青木さんはこちらを撹乱しようとしているわけでも何でもなく、端的に、現状を語っていた。地域は事故以来、ずっとそんな状況に置かれている。その中で、山をどうしていったらいいのか、ずっと考えてきた、そしてこれからも考え続けなければいけない、ということなのだろう。さらに、どんどん話は続く。

車は船引駅のあった船引町から隣の常葉町へと進み、そのころまでは街道沿いに商店や旅館が車窓に続いていたが、やがて二〇分ほどすると、そうした人の賑わいのようなものが消え、山を見ながらの一本道になった。

都路に入っていた。

都路は、南北に長い阿武隈山地のほぼ中央に位置している。阿武隈山地は北は宮城県南部から南は茨城県北部にまで連なる山地帯で、直線距離にして約一七〇キロ。福島県内に、太平洋沿いの「浜通り」、奥羽山地より西側内陸の「会津」、その間の「中通り」という三つの地域があるうち、阿武隈山地は浜通りと中通りを貫き、中通りに位置する都路にもその山々や河川が広がっている。都路は面積一二五平方キロで、その約八割が山林。山並みはなだらかで、標高は高くてもせいぜい一〇〇〇メートル程度（大滝根山が一一九二メートル、五十人山《ごじゅうにんやま》が八八三メートル）といったところである。

都路という風雅な名は、都に通じる道を人や物が往来したことに由来する、という説もある。明治時代、一八八九年に、それまでの岩井沢村と古道村が合併して、都路村と名付けられたのが始まりだ。縄文時代前期の竪穴住居や土坑跡が一九七九年に発見されるなど、古くから人が住んでいた痕跡もある。都路村はやがて二〇〇五年に、常葉町、大越町、滝根町、船引町と合併してできた田村市の一部となり、以来、行政的には田村市都路町地区として存在するが、地元の人は単に都路、と呼んでいる。

中通りのうちでも南北でいえば真ん中、東西でいえば東寄りにある田村市は、地図で見ると、一部が小さな半島というのか出べそのように、東側の浜通りに食い込んだ形をしている。ちょうど、この東に食い込んだ先端部が都路で、隣は川内村、大熊町、浪江町、葛尾村と境を接している。

東日本大震災により爆発した原発から三〇キロ圏内に都路はすっぽり入り、うち東部の一部は二〇キロ圏内だ。事故後、二〇キロ圏内は立ち入りを原則禁止する「警戒区域」、二〇～三〇キロ圏内は緊急時に屋内退避か退避をする「緊急時避難準備区域」に指定され、いずれも全域で住民は避難した。二〇一四年四月一日に指定はすべて解除され、二〇二一年六月時点で住民の帰還率は、旧警戒区域で八五％、旧緊急時避難準備区域で九一％にのぼる。ただ、人口の減少ははなはだしく、事故の起きた二〇一一年三月で三〇〇一人（九九四世帯）いたのが、二〇二一年六月で二一四〇人（八八五世帯）と、一〇年間で約七割になった。

萌芽を育てる

冬木立。ガサガサと足元のササをかきわけながら都路の山を上る。傾斜はゆるやかで歩きやすい。ハイキング程度の感覚だ。コナラやクヌギの木々は葉を落として幹だけになり、薄ぼんやりした曇り空の下で黒々としている。目に入るのはササと木の幹と空だけだ。数日前に降った雪がほんの少し、端に残る。墨絵のようでもある。幹は地面から少し上がったところで二股、三股に分かれて伸び、中には両手を上げて腰をひねりダンスをしているような形の木もある。

原木林、と地元の人が呼ぶ林。標高四〇〇～六〇〇メートルにかけて広がる。そんな呼び方があるとは、現地を訪れるまで知らなかった。シイタケ原木の育成専用につくられた林のことで、植わっているのはコナラとクヌギが中心という。

二〇一九年一月中旬、JR船引駅からふくしま中央森林組合都路事業所まで車で送ってもらった後、事業所の渡辺和雄さんに山を案内してもらった。シイタケ原木生産とはどういうものか、まずはとにかく、実物を見てみないと分からない。

「地上二〇センチくらい残して幹を伐ってシイタケ原木にする。伐った後の切り株の脇から、萌《ぼう》芽《が》が一〇本くらい出てくるんだね。三年くらいしたら整理して、二、三本を残して成長させて、二二、三年で収穫する。すると、また萌芽が出てくるから繰り返し」

そう渡辺さんは教えてくれた。あっさりと言葉少なで、初めて聞く者には、どうにも想像しがたい。萌芽とは、切り株の伐り口近くから出てくる細い芽のことだ。よく、ひこばえ、とも言われる。

なんとなく、ひょろっとしたイメージがある。片やシイタケ原木は、直径が八～一〇センチほどはある。萌芽がそんなに太く育つのか、ということが不思議だし、何より、一つの切り株に出た萌芽から、幹が二、三本も育つとは。木の生産といえば、苗を植えて、育てて、一本の幹を伐る、というイメージしかなかったが、ずいぶん違う。たしかに、目の前で見る山の木は、根元に近いところから、幹が二股、三股に伸びている。このことなんだ。

切り株から芽が出るのは主に広葉樹の特徴で、ヒノキなどの針葉樹にはほとんど見られない。都路の人には笑われそうだが、感慨にふけった。木の生きようとする力もすごいし、人間もよくそんなことを見つけたな。

萌芽ははじめ、切り株から放射状にたくさん生えてくる。渡辺さんの説明によれば、そのうち育ちのいい二、三本を見極めて残し、他は伐ってしまう。残した萌芽に栄養を行き渡らせるための「芽かき」という作業だ。放って置いても自然に朽ちる萌芽はあり本数は減るそうだが、手を加えるのは林業の、シイタケ原木を生産するための施業である。

１本の木から２，３本の萌芽を太く育てる原木林
（著者撮影）

シイタケ原木は一本の長さが約九〇センチある。直径一〇センチほどにまで太く育てられた一本の萌芽からは、一〇本くらいのシイタケ原木を伐り出せる。

萌芽を育てていくことを「萌芽更新」という。更新、とは、一度伐ったらおしまい、ではなくて、伐った後も次の成長があるということだ。

一本の木を更新しながら二代、三代と、人が伐らせてもらえる。木の体力が持つ間は、約二〇年おきに成長した分を収穫していくのだ。

幹を伐る位置は、できるだけ地面に近く低いほうがいいそうだ。低い位置から伸びる萌芽を「根萌《ねぼう》」と言い、それを残すのが一番いい。高い位置で伐ると、腐りやすいのだとか。とすると、あの地面から七、八〇センチも高いところで二股に分かれダンスをしているような形に見えた木は、あまり良い伐られ方をしなかったのかと、素人が気分だけいっぱしに考える。

炭焼きのころから

都路の山はなだらかで、すうっと人が入りやすそうで、親しみを感じさせる。人のすぐ隣にあって近しい山。そこに、コナラやクヌギの原木林がパッチワークのように、あちこちに広がる。

「なんで都路がこうなったか」と渡辺さんは語る。

「俺も生まれないころのことだけど、もともと都路は薪炭林《しんたんりん》をやっていた。山を移動しながら炭焼きに来る人もいたくらい炭焼きが盛んだった。薪炭林でも、山の木は伐って萌芽更新をずっと繰り

なだらかな都路の山（著者撮影）

返してきた。でも、だんだん日本の燃料が石油に変わって、炭を利用しなくなって、木の使い道も切り替えなくちゃいけないとなった」

薪炭林とは、薪や木炭を生産するための林のことだ。木を伐って、薪にしたり、炭窯をかまえて木炭を焼いたりする。コナラやクヌギは木炭にとても向いていて、都路では今ほど木の育成に手を加えてはいなかったけれども、長い間、萌芽更新が繰り返されていた。阿武隈山地では戦国時代には製鉄が行われ、鉄一トンの製造に木炭二〇～三〇トンを要したというから、すでにそのころには木炭も焼いていただろう。江戸時代には献上炭として一帯を治める三春藩に納めていた。人が暮らすのに、まず必要となる燃料は、近くの山で得られた。

薪や木炭の原料が豊富だった。

今ではなかなか想像がつかなくなっているが、日本の家庭では、一九六〇年代に灯油やガス、電気が普及するようになるまで、煮炊きや暖房に、木炭が燃料として欠かせない時代がずっと続いていた。七輪に、火鉢、炭ごたつ……。街には炭を売る炭屋さんもあった。都市部の需要も賄うため、各地の広葉樹の山では木炭生産が続けられていた。

でも、なぜ都路で炭焼きがそんなに盛んだったのか。

「ここは米を作って秋に収穫。その間に養蚕《ようさん》やタバコ（の葉の栽培）をやっていた。タバコも秋までだから、じゃあ冬は収入がないから、炭もやっかと。炭は九月の彼岸から春の彼岸まで冬に焼く。農閑期にやっていた。他に産業がなかった。食ってく手段がなかった。外貨（現金）取らないと暮らしていかれなかったから」。そんな事情だった。

炭を焼くのに家具材にするような幹の太い木は好まれなかった。特に重宝されたのは、「丸炭」といって、木を割らずに、元の太さのまま焼いた一本炭。木を炭に焼くと縮むので、幹の太さが一〇センチくらいに育った萌芽を焼くと、ちょうどいい炭が焼けた。萌芽更新を続けて、太くなり過ぎる前に伐るのがちょうど良かった。

一九六〇年代、主なエネルギー源が石油に変わり、日本の木炭の需要が激減した。代わりに山にある木をどう使うかと考えたときに、太く育っていない木が、シイタケ原木にちょうどぴったり合ったのだった。

「萌芽更新をしていたから、都路は良質なシイタケ原木がとれた」と渡辺さんは言った。炭を焼いていた時代からの積み重ねの上に、シイタケ原木の生産は成り立っていた。つまり、先人が築いてきた山の暮らしの延長線上に自分たちもいる。これまで山で暮らしてきた人たちとのつながりをたしかに感じながら、渡辺さんはここで仕事をし生活しているのだな、と思った。

順番に伐ればいい

木炭生産からシイタケ原木生産へと形を変えながら、都路の人たちは、コナラやクヌギの萌芽更新を繰り返して山と上手につきあい、長い間、利用し続けてきた。地元の人が、地元の木を使いながら生業を得て、地元で暮らし、山を維持する。

「木の成長量だけ伐ればいいという、林業の基本の形ができていたんです」と、宇都宮大学名誉教授の谷本丈夫さん（七九）は説明する。

谷本さんは一九八〇年代、森林総合研究所職員として都路で広葉樹の施業を調査、指導した経験がある。当時、広葉樹は、東北の白神山地でブナ林伐採に対する自然保護運動が高まるなど、全国的に環境面から見直されていたが、薪や炭の生産に活用してきた都路では、まず地元住民の生業に生かすことが重要だった。

「あちこちに林齢の違う原木林をつくっているので、たとえば一〇〇年の木を伐ったら苗木を足し、翌年は九九年の木を伐って、また足して……と順番に伐っていけばいい。次の山が育っているので毎年お金になる」

シイタケ原木用のコナラやクヌギは約二〇年に一度、伐ることができる。伐って二〇年過ぎたら、またぐるりと巡ってその場所で原木用に伐り出せる。山を循環利用しているのだ。同じ林業でも、スギは約五〇年、マツは約七〇年、ヒノキで約一〇〇年かかるという。もちろんこうした針葉樹はその間に間伐した材を販売しながら成木を育てていく考え方だが、比べてみると、コナラの収穫の周期は短い。比較的、生産の計画も立てやすかったのかもしれない。

萌芽更新は、苗木代が少なくて済むのも利点だ。

ちなみに新たに苗木を植えて育てる場合は、春の彼岸過ぎから四月にかけて植え付けする。その後は、苗木の成長を邪魔しないように、周りの草やつるなどの下刈りをする。萌芽更新の場合も、萌芽の成長を妨げないように、下刈りをする。下刈りは真夏の作業なので、とても大変なのだが、か弱い苗木や、萌芽を守るためには欠かせないから、作業員は汗だくになって草を刈る。渡辺さんが「赤ちゃんを守るようなものだ」と説明してくれたのが印象深い。

原木収穫のための伐採は、シイタケの菌が成長する樹皮と辺材の間、つまり、幹の外側あたりを傷めないよう手作業が中心だ。この部分がなければ、シイタケが育たないという大切な所である。結果的に、一般に用材を伐倒《ばっとう》するときに使われるような大型機械を山に入れないので、土壌が荒れたり固くなったりしにくい。土壌が固くなると水はしみ込みにくく、微生物もすみにくくなる。

チェーンソーで太く育った萌芽を伐倒したら、その場で九〇センチずつ原木として伐り分ける。

伐った原木は、山の斜面を利用しながら、作業員が一本ずつ手で受け渡し、小型の運搬車に積んで平地の土場《どば》（木材の集積場）まで運び、トラックに積み込む。

木がまっすぐ伸びていれば、シイタケ原木もたくさん取ることができる。ねじ曲がった木では、シイタケ原木を少ししか伐り出せない。シイタケ原木には、シイタケの種になる菌を植えてシイタケを栽培する。昔はみな、手で植えていたが、最近は機械で一時にたくさんの菌を植えるようになった。それもあって、まっすぐな木が効率が良いと好まれる。都路の木は、まっすぐに伸びている。

いいシイタケが育つ原木の条件は、シイタケ菌が成長しやすいように樹皮が平滑で、シイタケの栄養になる部分が多くなるように幹は心材の割合が少なく、年輪の幅が狭くない木だという。都路のナラやクヌギは、長年萌芽更新を続けてきた上に、寒すぎない気候や、ていねいな作業の甲斐もあって、これらの条件がそろった原木として育ち、質が良いと評判だった。「肌がなめらかなんだ」と、都路で会った人たちは表現していた。ゴワゴワしない、ガサガサしない。そういう手触り、触感のような言葉で語っていた。

ただ、コナラもクヌギも樹齢三〇年以上になると萌芽が生える力は衰え、五〇年以上になると、萌芽がまったく生えない木も増える。原発事故以来約一〇年、原木の生産が止まっている中で、伐り時を迎えているのに手がつけられていない原木林も少なくない。手がつけられないまま幹が太くなると、もうシイタケ原木には使えない。太くなるほどコナラに棲みつく害虫のカシノナガキクイムシが樹皮から穴をあけて木の内部に入り、木全体を枯らすナラ枯れも起きやすくなる。都路ではまださほどでもないが、阿武隈の周辺の山ではナラ枯れが広がる所もある。また、手入れが滞れば足元のササが増えて藪になり木を覆ってしまう。

ただ、伐ったところで二〇年先に、放射線量が十分に下がってシイタケ原木として使えるか、または、原木に代わる活用法があるかどうか見通しが立たなければ、手入れの意欲もわくまい。手入れが滞れば、山の循環利用は崩壊しかねないのだ。

種駒と中山間地

都路は、面積(一万二五〇〇ヘクタール)の八割を森林が占め、森林約一万一〇〇〇ヘクタールのうち、住民の暮らしに深く関わる民有林は約四五〇〇ヘクタール。このうち約二七〇〇ヘクタールとほぼ六割が広葉樹だ。

日本は第二次世界大戦後、焼け野原から復興するために必要な木材不足に陥ったことなどから、建材になるスギやヒノキを植林する拡大造林政策をとった。一九五〇年代後半になると、燃料にガスや灯油が使われるようになり、コナラやクヌギなど、薪や木炭に使われていたような落葉広葉樹は、「雑木《ざつぼく》」と役に立たないかのように言われてスギやヒノキに植え替えが進んだ。

では都路ではなぜ、広葉樹が多く残ったのか。

「気候が、スギやヒノキに適さなかった」と宇都宮大学名誉教授の谷本丈夫さんは言う。

実際、スギなどの植林は行われたが、必ずしも順調にはいかなかった。

「昭和五五（一九八〇）年の冷害、大雪害はひどかった。拡大造林で植えたスギが、そろそろ間伐して金にしようというころだったのに倒れてしまった。機械や手で起こすのが大変だった」と、都路町観光協会の武田義夫会長（七七）は記憶を探った。倒れた木を起こそうとして幹に巻いたひもの跡が、しばらく樹皮に残るほどだったそうだ。

県内でも雪が多くは降らない都路だが、米の収穫量が例年の一〇分の一しかなかった厳しい冷害だった。そのころはサカキ、アジサイ、キンモクセイ、イチジクなど、現金収入が得られるような樹木も、植えても寒くて育たなかったという。

気候のことだけでなく、苗を買うお金の余裕がなかったんだ、と言う人もいる。スギの苗代は当時、結構高かったそうだ。

戦後、十分に木が育っていなかった日本では、一九五〇年代後半に徐々に木材を輸入するようになり、一九六四年には完全に自由化して、安価で大量に供給できる海外産木材が本格的に流入するようになった。その量は年々増加して一九六九年には国産材を上回る供給量になった。一方、木材の需要は高度経済成長の波に乗って順調に伸びていたが、やがて木造建築が減るなどで一九七三年をピークに停滞し、国産スギの価格も一九八〇年をピークに下落した。『都路村史』（一九八五年、当時の都路村編）には、スギを植林したある林業家の「山は昔のように、手のかからない雑木山でおいた方が、はるかに有利に運用できたと後悔しきりであるが、今となってはどうにもならない」という、ぼやきが記されている。

一方で一九六〇年代後半になると、健康に良いと言われて、全国でシイタケの消費が拡大した。乾燥シイタケは一九六五年で四一七〇トン、一九七五年で八七五三トン、生シイタケは一九六五年で二万七六一トン、一九七五年で五万八五六〇トンと、いずれも消費量は一〇年間で倍以上に伸びた（林野庁特用林産基礎資料）。一九四二年に日本で編み出された「種駒《たねごま》」によるシイタケの原木栽培にも関心が高まった。

種駒とは、シイタケの種にあたるものだ。たくさんのシイタケ菌がぎゅっと詰め込まれた、長さ二センチ弱の木片で、円柱型をしており、一方の裾が少し狭まった形状をしている。シイタケ原木に穴を開けて、その穴に種駒を植えると、種駒からシイタケ菌糸が伸び出して、それがやがて原木の内部に行き渡り、シイタケが出る。現在まで、この種駒による生産方法は続き、日本の乾燥シイタケの約九割に用いられている。

種駒を使ったシイタケの原木栽培は、画期的な生産方法として世に出た。寄り道の話になるかもしれないが、日本の山村にとって一つの節目ともいえる話題なので、触れておきたい。

キノコの人工栽培のうち、日本で最も古く、江戸時代から行われたのがシイタケの栽培だ。それまでは山で自然に生えているシイタケを採っていた。人工栽培は、肉眼で見えないほど小さなシイタケの胞子、植物で言うところの種を、木に付着させようとした。胞子はシイタケの傘の裏から飛び出し、山の中を漂っている。それをどう木でキャッチするか。

はじめは江戸時代、一七世紀。木に鉈で五センチほどの傷（鉈目《なため》）を付けて、そこに胞子が付くのをじっと待った。「鉈目式栽培」と呼ばれた方法だ。炭焼き用のナラの木にシイタケができるのを見てヒントを得たと言われ、最初に始まった地名として、豊後の国（大分）や、三島（静岡）が挙げられている。

一九〇〇年代には、シイタケが出ている木を伐って、鉈目に入れる「挿木《さしき》挿入法」などの栽培も行われたが、結果は鉈目式栽培より多少良いか、というくらいだった。

鉈目式では、胞子が木に着床するかどうかは自然任せだし、挿木挿入法では、シイタケ菌以外の菌やカビを除けられない。そこで、そうした欠点を克服しようと、シイタケ菌だけを分離培養して木片に詰め込む「純粋培養種菌法」、つまり、種駒を使った人工栽培が、一九四二年に開発されたのだ。開発したのは、森喜作氏（一九〇八～七七年）。後にキノコ会社の森産業（群馬県桐生市）を創設している。

森氏は「われ農夫の祈りに開眼す。人のやらないことをやり続ければ見えなかったものがみえてくる」との言葉を遺している。農夫の祈りとは、森氏が昭和の初め、京都大学の学生だった時に、大分の山村で目にした光景だ。貧しい農夫婦が、借財して買った木に鉈目を入れ、「なば（シイタケ）よ出てくれ。おまえが出んば、おらが村から出て行かんばならんでな」と木に手を合わせて祈っていた。シイタケが出てくれなければ、自分たちが村を出て行かなければならない、という悲壮な声。

農家が暮らしていくのには、鉈目式のような一か八かの栽培ではなく、安定した生産が必要と、森氏がシイタケが確実にできる方法を研究する動機になった。

ほぼ八年かけて、森氏が初めに開発した種駒は、三角柱のくさび型だった。山で木に鉈目を入れ、そこにすっぽり簡単にはめられるように、という発想だった。戦前で電動器具もない時代のことだ。「山ですべてができるということは大切だったんです」と森産業研究開発部の田村孝史部長（四七）は言う。

種駒によるシイタケ栽培がもたらした意義について「当時は、農家は長男が継ぎ、次男はでっちに出るか、山で炭焼きか、山菜を採るか、木を伐るかでした。そこに、シイタケという一つの産業をつくった。それは、すごいことだったのです」と説明してくれた。

一九六〇年代半ばには、全国的に生産もブームになった。生産量はうなぎ上りで、鉈目式が中心だった一九四二年に乾燥シイタケは約一〇〇〇トンだったのが、戦後、種駒の普及とともに全国に生産が広がり、ピークの一九八〇年代には一万六〇〇〇トンを数えた。田村市でも原木シイタケの栽培は一九五四年ごろに初めて行われたが、このときはうまくいかず、一九六四年ごろから本格的に始まったという。

現在、森産業は国内のシェアでトップを占め、シイタケを中心にキノコで新品種を開発、登録した数は八三件にのぼる（二〇一三年二月時点）。初めは春だけシイタケが実る品種しかなかったのが、春も秋もシイタケが出る品種を、また、より作りやすい品種を、より短期間でできる品種を、と生産者の声を聞きながら開発してきた。ちなみに品種の開発は、菌と菌を交配させて行われ、商品になるのは、できた種菌一万個のうち一個の割合で、一つの新品種の開発に一〇年はかかるという。

試作品はシイタケ農家に実際に栽培してもらうので、あまり出来が良くないと、「こんなの、持ってくるな」と農家に突き返される。真剣勝負の関係だ。

ただ、シイタケの品種開発を手掛けてきた田村さんは、どれだけ種菌が良くなろうとも、生産者のこまめな栽培管理があってこそ、いいシイタケができると話す。

「匠の技、と言いますか。何もしていないようでいて、毎年同じことはしない。（生産者はみな）自分の山を知り尽くしている。だから変化にも対応できる。山で何年も蓄積した技術なのだと思います」

空気の動きや風の流れ、湿り気、日の光……その土地の環境と分かち難いのが原木シイタケ栽培なのだろう。菌が居心地良く菌糸を伸ばすように、土地をよく知り、生かせる人がいてこそ、シイタケが実る。

以前、二〇〇六年に群馬県前橋市、赤城山のなだらかな裾野で、それまでもう五〇年、原木シイタケの栽培を続けてきたベテラン農家の六本木太さん（七六）を取材したことがある。赤城山名物のからっ風と付き合いながら、立派なシイタケを、妻のえい子さん（七三）と二人でていねいに作っていた。六本木さんは若い頃、原木に種駒を植えてシイタケができると初めて聞いた時に、とても驚き感動したと感慨深そうに話していた。「木から食べ物ができるとは」と、その時の気持ちを話していたのが印象に残った。ミカンの木にミカンがなるのは当たり前だが、コナラの幹からシイタケが出ている様子は、不思議な眺めであったのかもしれない。

全国各地の山村で、特に米の収穫量をあまり期待できなかった土地では、同じような感嘆の声が上がったにちがいない。全国の山村に、その土地の自然をよく知り、うまく関わり合える人たちがいたのだ。

シイタケに関心が高まり原木栽培が注目を集めると共に、全国的にシイタケ原木を探す業者も出てきた。炭焼き用に萌芽更新を繰り返してきた都路の山のコナラやクヌギは、良質なシイタケ原木として注目を集めるようになる。さらに紙の消費量増に伴い、従来の針葉樹だけでなく、広葉樹も紙の原料に加工する技術が国内で開発され、製紙パルプ用としても需要が生まれた。一九六〇年代後半には三菱製紙、北越製紙、十條製紙……と東北に製糸会社のチップ工場が相次いででき、材を買い求めるようになった。

こうして都路では、針葉樹の拡大造林よりも、広葉樹を生かしたシイタケ原木生産に舵を切っていった。

良質の原木に人が集まる

「最初に気が付いたのは商社なんです。原木を欲しがっている人がいて、欲しい物は都路にあると」

都路を含め二市五町三村を地区とするふくしま中央森林組合の元参事、吉田昭一さん（六四）は振り返る。

一九六〇年代後半、健康志向の波に乗って消費が増えたシイタケ。栽培用のシイタケ原木を全国的に探す動きも強まった。

「郡山や四国、九州からも商社が入ってきて、シイタケ原木を大々的に始めるんだ、という。そっちにもあっぺ、と聞いたら、木が曲がっていて良くないと。こっち（都路）の木はまっすぐで、（シイタケの）発生も良く、管理しやすいと言われた」

首都圏に供給する木炭を焼くために萌芽更新を繰り返してきた都路の山のコナラやクヌギ。最後に伐ってから十数年、ちょうど原木に使いやすい太さに育って伐りごろの木もたくさんあった。そこに商社が目を付け、伐採した。

そうするうち、吉田さんたちは山の所有者から相談を受けるようになった。「木がねえよ」と言う。「伐り方が悪かったり、時期を考えずに伐ったりすると萌芽が出ない。手入れをしなければ木は藪に覆われる。商社は利益一辺倒で、無差別に大量伐採し、伐った後は放置する。道路の沿線を全部伐採して景観を悪くしたこともあった。結果的に地元の人からは嫌われた」

吉田さんたちは、山の再生に乗り出すようになる。木の切り株を覆っていたササやツタは、生えなくなるまで五、六年間刈り続けた。木が減った分は、植樹して補った。

シイタケ生産者にも、どういう原木がいいのかと聞いた。まっすぐで、そろった木が扱いやすいと言う。そのために、効率的な原木林の育て方を考え直して、木炭用のころよりも手入れを厚くした。そのような手間をかけながら、山を循環利用する形ができあがっていった。

「世話人」「世話役」という人たちが地域で活躍していた、という話も聞いた。山のことをよく知っていて、山中の農家を回りながら、伐り時の原木林があると原木業者や森林組合に知らせたり、所有者の意向をまとめたりしていたという。東日本大震災以降、見かけなくなっているそうだが、そうした人たちが山を盛んに行き来していた様子を「世話役文化」という言葉で語る人もいた。

浜通りの双葉町、大熊町で一九六七年に第一原発の建設工事が本格的に始まったことも、都路のシイタケ原木生産には大きく影響した。吉田さんによると、多くの住民が建設工事の仕事に就いて働きに行くようになり、地元の農林業は労働力が不足した。都路村（当時）は、ポスト原発建設をにらみ、失業した原発就労者の受け皿づくりとして農林業の振興に力を入れ、林業では、そのころ需要が増えていたシイタケ生産に着目し、森林組合が中心になって地元にある広葉樹を利用してシイタケ原木を生産する体制を整えていった。

「お客さん（シイタケ生産者）の意見を聞くことと、大量伐採を防ぐこと、それをどう山の所有者に伝えていくかというのが組合の大事な仕事だった」

山の所有者の顔を間近に見ながら山で施業する。所有者一人一人に向き合うような都路の森林組合の方向性は、このころできたのだろう。

要望にていねいに応える

都路で、商社によるコナラやクヌギなどの大量伐採から山を回復させた森林組合、現在のふくしま中央森林組合都路事業所（以下、都路事業所）は、その後、シイタケ原木生産の中心を担うようになった。最盛期には作業員が一〇〇人を数えた。それが原発事故後は、二十数人と規模も仕事も小さくなった。

都路産のシイタケ原木は、肌がなめらかでシイタケもよく出る、と評価は高く、生産量は順調に伸びた。関東や静岡など全国に出荷された。組合のシイタケ原木出荷量は事故前、年間約二〇万本、最盛期は約五〇万本に上った。事故後はゼロである。

山から伐り出されたシイタケ原木は、どのように出荷されるのだろう。

二〇一九年一月に都路事業所を訪ねると、「お客さんが欲しがるのは、まずコナラ。でもクヌギがいいというお客さんもいました。ミズナラも出しましたが、菌の回りが早くて腐りやすい」と、松本正弘さんは教えてくれた。最初に都路に来た時に、JR船引駅まで車で迎えに来てくれた三人のうちの一人で、業務課加工・森林整備係、という担当だ。

シイタケ原木の生産は、山での伐採から搬出まで手作業が中心だ。出荷も、お客さんの要望にていねいに応じていた。

「サクラが咲くまでに植菌したいとキノコ屋さんは言うので、シイタケ原木は伐った後、乾燥して、一二月から四、五月までには出していました。細いのと、太いのに分けて。細い木は菌の回りが早いのでキノコが出るのも早い。お客さんによって細いのしか使わない、太いのしか使わない、クヌギがいい、といろいろ種類があって」

シイタケ原木を生産していたころ、都路事業所では、その副産物も生まれていた。

「シイタケ原木にならない、木の太い部分はパルプ用に出しました。自前のおが粉工場もあったので、原木をとった後の木の細い部分やコナラ以外の木からは、おが粉を加工し販売していた」と渡辺和雄さんは説明する。木を余すところなく丸ごと使い切っていたのだ。

松本さんは、おが粉を担当していた。おが粉は主にナメコやシイタケの菌床栽培の培地に使われた。菌床栽培とは、おが粉にぬかなどの栄養剤を加えた培地にキノコの菌を混ぜてキノコを栽培する方法だ。原木栽培と違って、施設の中で温度や湿度などを管理しながら行われる。都路事業所では、三、四種類の細かさに分けて引いたおが粉を、お客さんの要望に応じてブレンドし、販売した。サクラなど他の木のおが粉とも組み合わせた。オーダーメードのように一人一人に合わせるていねいな調合をしていて、これも質が良いと評判は上々だった。

おが粉を使用した菌床栽培は、今では日本のシイタケ生産の中心になっている。林野庁の調査では一九九三年、生シイタケの生産量約七万七〇〇〇トンのうち八割以上を原木栽培が占めていたが、年々減少し、二〇〇〇年にはついに菌床栽培の生産量が原木栽培の量を上回った。二〇一九年は生シイタケ生産量七万一〇〇〇トンのうち菌床栽培が六万五〇〇〇トンを占め、原木栽培は一割に満たない。

シイタケ原木の需要が減少するにつれ、都路事業所でもおが粉の販売収益はより重要な位置を占めるようになっていた。

原発事故が起きた二〇一一年の三月は、シイタケ原木の伐採、出荷作業の真っ最中だった。事故直後は放射性物質濃度の指標値もなく、シイタケ原木の出荷について良いともだめだとも何の指示もなかったから、伐採後に山に置いていた原木もすべて出して、出荷した。「すみません」と頭を垂れる松本さん。「放射能なんて、そのころ本当、わかんねえし」。誰も非難はできないことだ。ただ出荷されたものの、結局農家はシイタケ菌を植えなかったそうだ。

シイタケ原木について放射性物質の指標値を国が「暫定」で公表したのは、事故から半年以上が過ぎた一〇月で、一五〇ベクレル／キロだった。それが翌年四月に五〇ベクレル／キロと改められた。これは同月に食品の基準値を一〇〇ベクレル／キロとしたのに伴い、シイタケ原木からシイタケにどれだけ放射性物質が移行するかを分析して計算された数値で、現在も続く。

都路事業所は放射性物質測定器を置いて原木を測り続けた。同じ山の木でも生えている場所などにより、ばらつきがあった。「測る場所や木の部位によってもばらばら。四〇人学級で、その子によってみんな違うように。悩ましい」と、測定を担当していた都路事業所の会田明生さん。指標値の数値を初めて聞いた時、松本さんは「とんでもねえ数字だな。全然話にならないくらいの数値が（測ると）出るのに」と思ったと言う。事故翌年の二〇一二年六月の測定で、都路の原木からは二五〇〜二八〇〇ベクレル／キロを記録していた。一〇年近くたっても一〇〇〜五〇〇ベクレル／キロが検出される。「俺が生きてるうちに、シイタケ原木って生産できんのかな」と何度もつぶやいた。

「出稼ぎに行くよりも」

都路のシイタケ原木が重宝されたのは、質の良さに加えて、価格の安さのためでもあったといわれる。土場の引き渡し、つまり輸送代などを含まない原価で一本一五〇円ほどだった。原発事故前年、二〇一〇年の都道府県別シイタケ原木価格の調査（林野庁・特用林産物生産統計調査）では、コナラは福島県産が一本一四〇円で、全国最安値。最高価格だった京都府産の三九四円の三分の一強で、全国平均二三七円の六割弱だ。

安さを可能にしていたのは、作業する人が地元に大勢いたことだ。

前に述べた通り、シイタケ原木生産は、シイタケの栄養になる樹皮付近を傷めないよう伐採や搬出などをすべて手作業で行うので、人手がかかる。

都路には、春から秋にかけてタバコ栽培や米、野菜づくりなどの農業をし、冬の農閑期に手の空く人がたくさんいた。そうした人たちが、シイタケ原木伐りの仕事を森林組合や原木業者から請け負った。地元を中心に一〇〇人以上の雇用を生んでいた。また、元福島県林業研究センター副所長の熊田淳さんによると、都路は雪が少ないので伐採期間も確保でき、「定時定量」の伐採、出荷をする体制ができていた。

「一一月ころから三月いっぱいぐらい、一本なんぼで業者から請け負った」

都路の農家、小泉柳二さん（八〇）に原木伐りの仕事について聞くと、こう返ってきた。二〇一九年一一月に自宅を訪ねたときのことだ。

「一本三〇円から三五円くらい。一日三〇〇本くらい伐ったな。弁当持ちで、山さ始まるのは朝八時半ころ。雨が降ったら行かないが。時間は自由。休み休みで、夕方はいいとこ四時までか。やっただけお金になった」

夏は畑仕事が主で、親の代からタバコの葉を中心に野菜も栽培していた。「タバコは、自慢じゃないが、いい物を取っていた」

タバコは、これも人手をかけて成り立つ作物で、葉を一枚一枚、干して伸ばして束にする。均一に、真っ平らに乾燥させるのが良いそうだ。子どものころから親を手伝って、葉っぱを手で伸ばしていたという小泉さん。地域の品評会で受賞した、金賞（昭和五四年）、一等賞（昭和六〇年）の賞状が、自宅の鴨居に額に入って掲げられていた。

ただ実際のところ、日本のタバコは補助金なしには成り立たない作物で、手間もかかる。作っていたのは高齢の人ばかりで、小泉さんも含めみな、原発事故を契機にやめたという。

今は米を作って出荷もしているが、さほどの稼ぎにはならない。若いころは炭焼きや、「春蚕《はるこ》」といって春の養蚕もした。こうした組み合わせで生計を支える農家は都路に少なくなかった。だから、農閑期になる冬に、シイタケ原木伐りの仕事があるのは、ちょうど良かった。

「（出稼ぎに行くより）うちから通ってできるからいいと、二〇年くらい毎年やったか」

チェーンソーと燃料は自分持ち。できるだけ根元近くを伐るのがいいという原木特有の伐り方は、毎日やりながら身に付けていった。請負以外に、自分の山から伐り出して原木業者に売ることもあった。

生まれたこの山で、春夏秋冬できる仕事をして暮らしてきた。二〇代で結婚し、子ども三人を育て上げた。

山の斜面に沿って立つ小泉さんの家の庭に出ると、地面から伸びた管から、とうとうと水が出ている。山から流れてくる「流れ水」で、飲み水にも農作業にも使っている。

子どものころから当たり前にある水。小泉さんは若いころに出稼ぎで栃木県の工事現場に行き、すぐにおなかをこわした。「慣れない水を飲んだから。町の水は、さらし粉が入ってる」と思っている。

「住めば都。野菜だって何だって自分で作って食べているわけなんだから。昔は暇があれば、前の川で魚釣りしてたな。イワナ、ヤマメ、ウグイ……。そんなことして暮らしてたな。ここが一番だと思ってんだ」

地域が過疎化する中で原発事故は起こった。五十数軒の集落に今、空き家が十数軒あるという。事故で、若い人がいなくなった。盆踊りなどの集まりごともなくなった。高齢の人たちの「小遣い稼ぎ」にもなった原木伐りの仕事も、事故後はなくなった。

パルプばかりじゃ「赤字」

原発事故により、シイタケ原木の生産が途切れた都路事業所。所長の渡辺和雄さんは「今後の方針を、どこにもっていったらいいかわからない」と悩む日々が続く。二〇一九年一月に原木林を案内してくれた渡辺さんは、その年の夏に前任者の青木博之さんから引き継いで、所長になっていた。

都路事業所は、原発事故前までは、二市五町三村を範囲にするふくしま中央森林組合の「屋台骨」と言われた。管内に地域ごとにある三つの事業所の一つだが、二〇〇八年度で組合の事業総収入の四八・九％を占める収入があった。だが、原発事故後は経営が悪化、五億円前後あった事業総収入は二〇一二年度、二億五〇〇〇万円と半減した。

事故後は木を伐っても売れる用途はパルプだけ。価格はシイタケ原木の四分の一程度だ。「パルプばっかり伐っていたって赤字。組合はつぶれる」。山の所有者からも「それしか出ねえのかよ」と責められる。「そう言われても、今がこうなんだからと言うしかない。以前は、それだけみんな山から収入を得ていたんだな」

地元の田村市をはじめ福島県内などでバイオマス発電所の建設が相次ぐが、バイオマス用の木の買い取り価格も、パルプ用より少しいい程度で、山の所有者に返すお金は出るかどうかという。市内に一基、建設中のバイオマス発電所があるが、計画段階から放射能汚染された木を燃料にして処理するのが目的ではないか、などと懸念する住民が反対運動をして、検討の結果、市は地元の木は燃やさないと決めている。

県などの補助事業で森林整備をして何とかやっていけているものの、事業はいつまで続くのかわからない。事業費に占める公費の割合は、原発事故前は八割程度だったが、事故後は個人や民間から仕事の依頼が減り、二〇二一年度で公費が九割九分を占めるという。将来的な収入の柱の見通しが立たない。
原発事故後は除染作業にも人手がとられた。事業所は新たな森林作業員のなり手が減り、高齢化が進んでいる。事故前、五〇人ほどいた作業員は二〇一九年で、一三人。半数が五〇歳以上で、二〇代はいない。本当は、新しい作業員を迎えて施業や山で安全に作業するための教育もしていきたい。林業は、減少傾向にはあるが死傷事故などの労働災害発生率が全産業の中で最も高い。林野庁のまとめによると二〇二一年には全国で作業中に三〇人が死亡し、その六割が木の伐採作業中に起きていた。作業の安全確保は作業員の命に関わる重要事項だ。

震災後、シイタケ原木に替わる都路の木の使い道を考えて、都路事業所ではチップ工場の建設を検討したこともあったが、シイタケ原木生産用の広葉樹は幹が細いため、量が足りず採算が取れないだろうと実現しなかった。

二〇一九年一一月、渡辺さんは青森県の招きで同県十和田市を訪れた。十和田市は自前でシイタケ原木生産に乗り出そうとしていて、渡辺さんは指導を頼まれたという。

原発事故後、福島県や近県の北関東産などのシイタケ原木が放射能汚染で出荷できなくなったために、全国的にシイタケ原木が不足し価格が高騰した。林野庁が供給を掘り起こすなどして、二〇一六年九月の時点で全国で五六万本が供給可能となり、希望本数を約三万本上回った。だが、樹種別に見ると、東日本で主に生産されていたコナラの原木については、事故によって生産が止まったために、全国からの希望本数に対し、約四〇万本不足していた。

「今、一番の心配は、他県の原木が良くなって、産地が変わっていくんじゃないかということ。二〇年後に都路の原木が使えますよと宣言したとしても、その間に産地が移動するんじゃないのかと」

シイタケ原木の生産は、再開できるのだろうか。

「それまでの間、食っていける仕事を提案しなくては……。どうして、こんなにあくせくしなくてはいけないのか」

「原木は、いつになったら売れますか」

福島の田畑でできた米や野菜の放射線量が下がって、生産・出荷できるようになったように、山でもシイタケ原木の生産が再開できるようにならないか。そんな研究も都路では行われている。

「都路のシイタケ原木は、いつになったら売れるのでしょうか」

二〇一三年、地元住民らにそう問い詰められた森林総合研究所（茨城県つくば市）の震災復興・放射性物質研究拠点長、三浦覚《さとる》さん（五九）は、研究所のスタッフや、栃木、茨城、千葉の各県林業試験研究機関、東京大学、仙台高等専門学校とともに二〇一八年度までの三年間に実施した調査で、土壌中に、植物が利用できるカリウムが多い場所ほど、コナラの枝の放射性セシウム137の濃度は低いという結果を報告した。土壌のカリウムの量が一〇倍になると、コナラの枝のセシウム137の濃度はほぼ一〇〇分の一に下がった。セシウム137は、半減期といって線量が半分に減るまでの期間が三〇年と長く、事故によって放出された放射性物質の中でも環境や人体への長期的な影響が懸念されている物質である。

植物は、セシウムと化学的性質の似ているカリウムを吸収する性質がある。カリウムは、窒素、リンと並び、肥料の三要素の一つだ。平地の畑では、カリウムの肥料をまくことで、野菜がセシウム137を吸収する量を減らして汚染を少なくしていた。山中でも、過去に畑として使われ肥料にカリウムをまいたことがある場所などでコナラを栽培すれば、汚染の少ないシイタケ原木生産につながるかもしれない。樹木のセシウム吸収に関する研究が非常に少ない中で、「生産再開に向けた調査、判定方法の道筋が見えてきた」と三浦さんは話した。

ただ、現実的に、山では一ヘクタールほどの狭い範囲でも土壌中のカリウムの量にばらつきがある。尾根筋か谷筋か、風にあたる場所かどうか、過去にどう使われてきたか。広い山中で、わずかにカリウムの多い場所があって放射性セシウム濃度の低いシイタケ原木を生産できるとしても、それにかける労力に見合うかどうか。

「萌芽が全部、使えるとなればいいが。今はその答えがない。伐って新しい芽を出せば、本当に使えると確定していると言ってもらえれば、伐る元気も出るんですが。よく分からない状態では……」と、二〇一九年一月に会ったとき渡辺さんは言うのだった。

原発事故後、山の除染は民家の付近しか行われていない。つまり、大半は手付かずということだし、今後も進む見込みはない。事故からこれまでの間に、山で放射性セシウムがどう動いているのかが、調査から分かってきている。

「事故当初、樹木に沈着したりくっついたりしたセシウムが下に落ち、（落ち葉が積もった）落葉層から、土壌に移動しています」と三浦さんは説明する。

「落葉樹は毎年、針葉樹なら六、七年かけて落葉します。落ち葉は時間とともに水と二酸化炭素に分解され、落ち葉に含まれていたセシウムは雨が降った時に下に移行します。セシウムの約九割は、地表から五センチくらいまでの土壌中で粘土鉱物に吸着され、簡単には動かなくなり、たまっています」

つまり、山の土壌が放射性セシウムを留めている。土壌の中にある粘土鉱物がセシウムをしっかりつかまえている。

一部は土壌と樹木の間で循環していることも分かってきた。

「土壌や落葉層にたまったセシウムが樹木の根に吸収される。そして落ち葉の分解とともに、また土壌に回る。その量は一％以下と言われていますが、樹種や森林の乾燥の程度などにより変わり、まだ分かっていません」

では、放射能汚染地でも野菜などは出荷できているのに、なぜ原木シイタケや原木は難しいのだろう。

「移行係数が高いのです」と森林総合研究所きのこ成分担当チーム長、平出政和さん（五四）は説明する。

シイタケなら原木や菌床から、野菜なら土壌からの、放射性セシウムの吸収のしやすさを示す数値が移行係数。単純に比較できないが、野菜は多くが数千分の一～数百分の一なのに、シイタケは原木で二。食品の基準の一〇〇ベクレル／キロを超えないよう、シイタケ原木は五〇ベクレル／キロという指標値が設定されている。

平出さんは、シイタケの栽培環境を整えることで汚染を防ぐことができないかを実験した。シイタケの種駒を植えた原木（ほだ木）を栽培のために並べた場所（ほだ場）の四方を麻布で、上をよしずで覆うことで、雨が降り込まず、ほだ木に泥がはねないようにした結果、実ったシイタケはほぼ汚染されなかった。

ただこれは、手間のかかる栽培法になる。「農家は、どれくらい簡単な方法だったらやってくれるだろうか」と話す。

それにしても、山をすっかり除染することはできないのだろうか。

「落葉層だけでなく深さ五センチまでの土壌を取り除かねば除染にならず、いったいどれだけの量になるか。また、土壌をはいだら、元の土壌に戻るには一〇〇年も二〇〇年もかかるだろう。土砂流出を防ぐ水土保全機能も失われる」と三浦さんは言う。

山を汚染するとは、それほどに回復が難しいことなのだ。なんと罪深いことか。

広葉樹の林業は「知的財産」

二〇二二年、三浦さんは新たな調査を始めていた。将来的に山の木がシイタケ原木として利用できるかどうか、できるだけ簡単に判定する方法を導きだそうという目的だ。都路や他の原木生産地の山で、頂上付近とふもと付近、その間の標高の違う数カ所のコナラやクヌギのセシウムを測定している。

「山の土中のカリウムは頂上付近が最も少ないことが分かっています。ですから樹木のセシウムも、その山では頂上付近が最も多いのではないか。それを確かめているのです」。もしその仮説が合っていれば、いま伐採したコナラやクヌギから伸びた萌芽がシイタケ原木に利用できる太さに育つころ、まず頂上付近の幹に含まれるセシウムの値を調べて指標値を下回っていれば、その山の他の木も指標値を下回り、原木として利用できる可能性が高いのではないかという見立てだ。

「二〇年先に役立てるための調査です」と、三浦さんは都路の原木生産が何とか地域で受け継がれていけるようにと考えている。

戦後、拡大造林でスギやヒノキなどの植林が進んだ日本の山では、広葉樹の林業は針葉樹ほど多くはない。

「(都路の原木生産の復活は)簡単にはいかない。ただ、この里山が、地域の先輩たちの経験を学び、観察、記録するための知的財産であることは間違いない」と、宇都宮大学名誉教授の谷本さんは力を込めて言った。

元シイタケ農家の宗像幹一郎さんは原発事故の起きた春、実ったシイタケを一個ずつ収穫しては廃棄する作業を繰り返した。シイタケを育てるほだ場はもう何年も使われていない

人間のこぶしのような「ジャンボシイタケ」が名物だった元シイタケ農家の坪井哲蔵さん。シイタケが出てきても出荷できなくなった

汚染された木を除去しシイタケ原木林の再生を目指す皆伐事業が始まった。
結果が出るのは20年後だ

伐採後に作業しやすいよう木枝を寄せて片付ける棚積み

伐採した木はチップにするしか使い道がない。これから山はどうなるのか。ふくしま中央森林組合都路事業所の渡辺和雄所長は心配が尽きない

第二章——「結」で炭を焼いていた

最後の炭焼き窯

雲一つない秋晴れ、という言葉では弱いほど太陽がまぶしい。

空気が澄み切って空は真っ青。都路は、紅葉した原木林があちこちで、もりもりと茂っている。コナラが多いせいか、彩りは赤、というより、赤茶色というほうが近いかもしれない。

「都路のシイタケ原木の山は炭を焼いていたからある」

ふくしま中央森林組合都路事業所の渡辺和雄さんにそう聞いてから、私は、炭を焼いていたころのことを知りたくなった。

二〇一九年一一月、東日本大震災前まで原木シイタケ農家だった坪井哲蔵さん（七一）に軽トラに乗せてもらって、青木哲男さん（八九）を訪ねた。標高六〇〇メートルほどの頭ノ巣《つぶりのす》地区。広々となだらかな畑や草地などに囲まれて、ぽつんとトタン屋根が見え、その下に丸い小さな古墳のような土の塊がある。白い煙が青空にしゅわしゅわと上っているのが見えた。炭焼き窯だ。

「炭窯は最近は自分で作っている。これは台風の後の復興一号」と、青木さんは窯の前で教えてくれた。ちょうど一カ月前、一〇月には台風一九号が一帯を直撃し、郡山市では阿武隈川が氾濫。都路でも田のあぜや道路などが崩れ、被害が大きかった。炭焼き窯も壊れてしまった。今目の前にあるのは、青木さんが自分で作り直したばかりの窯だ。窯は、辺りの土で作っている。

青木さんは、強い日差しにも動じていない。足裏がしっかり地面に付いているような感じを受け、姿がくっきり浮かび上がって見える。話しながらも体は割とこまめに動いている。この時も足先で炭焼き窯にふたをする小さな石を動かしながら、窯に入る空気を調整していた。

一九六〇年代に日本の家庭に灯油、ガス、電気が普及し、木炭が姿を消してしまう前の、都路で炭焼きが盛んだったころを体験している残り少ない一人だ。

この窯が、都路でただ一つの最後の炭焼き窯になった。

木炭は、その焼き方によって、白炭と黒炭に分かれる。白炭は、焼いて高温になった真っ赤な炭を窯から外に出して砂をかけて湿らせながら冷ます。黒炭は窯の中で冷ます。白炭は硬くて火力が強いのが特徴で、焼き鳥屋さんなどで人気の備長炭が代表格。和歌山県のウバメガシ製は有名だ。一方、かつて家庭の調理や暖房用に普及したのは黒炭で、コナラやクヌギの黒炭が日本各地の山でよく生産された。コナラの黒炭は火付きが良く、クヌギの黒炭は、幹の割れ目が菊の花のように見えるからと「菊炭」とも言われ、茶道にも用いられた。

都路では西部の一部は白炭を焼いていたが、大半は黒炭を焼いていた。青木さんが焼くのも黒炭だ。

コナラもクヌギもサクラも、樹種にこだわらず一緒に窯に入れて焼いている。炭にならないような幹の先端部や細い枝なども、窯の中にできた隙間を埋めるのに詰めて使い切る。火が窯の中をまんべんなく回るようにして、木を十分に炭化させることが肝心だ。火を付け、煙突から立ち上る煙が消えたら三日ほどそのまま置いておく。一週間ほどで炭は完成する。ちなみに残った灰もかきだして、炭窯の向かいで青木さんが耕している畑にまく。ハクサイや大根など、野菜に最高の肥料になる。

焼き上がった炭を運ぶ「箕《み》」は、竹を使って自分で編む。竹は、よくしなるので使いやすい。窯の前には、これから炭に焼こうという木々が、整理され積まれている。最近は、伐っても使い道のない木を人が持ってきてくれるので、青木さんはそれも焼く。そればかりでなく、市道沿いで伸びて道を覆いそうになっているような木々も、自分でチェーンソーで伐り出している。長男の一典さん（五八）が機械で輪切りにしてくれるのを、青木さんが斧で割って炭に焼く。

「道楽だ、今は」

でも、中には欲しがる人が結構いて、そういう人には一袋一五キロ入り一〇〇〇円と格安で分けている。「いい炭」と「くず炭」の二種類あるだけの素朴な分類。

一典さんの妻、節子さん（六六）は「うちも二五年前くらいまでは炭ごたつを使っていましたけど、電気ごたつに変えてしまいました」と言う。

青木哲男さんは、もう一五、六歳のころから炭を焼いてきた。

「昔は大きい窯だった。幅一二〜一三尺（一尺＝約三〇センチ）。それで生活を立てていたから。炭焼きの方法は同じだい。変わったところは、荷造り。昔は山から茅を刈って、母親は網に編んで炭俵を作って。大変だ、おっかさんは。山から茅を刈ってな。東京に送る時にな。東北地方の木炭は東京へ運ばれた。東京の人が使う炭ごたつだけでなく、兵隊さんが軍で使う。戦争中など大変だったばい。船も汽車も燃料がなくて木炭を使ったから、大増産」。戦後もしばらくは工業用に増産の大号令がかかった。

炭焼きで一番大変だったというのが、運搬の作業だ。山で焼いた炭を一俵一五キロの炭俵にまとめて、背負って山を下り、業者のトラックが通る広い道まで歩いて運んだ。「山出し」と呼んでいた作業だ。木馬《きんま》といって、木製のそりのような道具を使うこともあった。

地元の人たちによると、木馬は、長さ三メートル弱の木材二本を並べ、穴をあけて木の横棒を通し、くさびを打って留めて作る。ちょうど、はしごのような形だ。端にかじ取り棒を付けて、そこに引っかけた綱を、人が肩に斜めにかけて引っ張り操作する。各自、自分に使いやすいように作り、木炭や木材などを一〇俵積んで運んだ。

「すべて人力作業だ。大変な力がいったんだ。オンノレという自生している木があって、雨や雪で軟らかくなる。木道を作るのに、これを一メートルくらいに伐って、地べたに敷いて、油を塗って、

（その上を）そりをすべらせる。支える木材の利用だ」

オンノレとは、オノオレカンバという木のことだ。長男の一典さんは「くぎも刺さらないくらい固い木、と子どもの頃から覚えている」と言う。

搬出路に深い沢やくぼみがあると、丸太で作られたさんばしがかけられていた。「これは、私たちではできなかった。先祖が作ったんだな。幅が二メートルもなくて、落ちたら終わり。木馬はブレーキがなくて、急な坂道で雪が降ると、大変だ。木馬を平地の土場まで運んで、炭を降ろした後は、空になった木馬を山の上までかついで戻った。その苦労は大変だった」

地元で炭焼きの経験がある人たちから、木馬は「重かったあ」という声を幾度も聞いた。牛を使って運ぶ人もいたが、山中の斜面で牛をうまく操るには、やはり相当の技術が必要だったそうだ。

木炭は、人力で平地の土場まで運ばれた後、業者がトラックで当時の国鉄船引駅まで運んだ。船引駅は一九一五（大正四）年に開業。そこから主に東京に運ばれた。

「山から炭を出すのに二、三〇分歩いたか。毎日ではないが。冬の仕事だな。夏にやってる人もいたな。うちはほとんど冬。一二月から三月ころまで。あとは養蚕。四月ころまで雪で。もうはや、いつ降ってもおかしくねえだ。一〇月から降っときあっから」

窯からのぼる白い煙が空にたなびく。今は開墾して畑になったこの辺りも、そのころは、うっそうとした木立の中だった。「こんな所に住んでる人間は損だ。ガソリンくうべさ。自動車で、ようけ使う」とあっけらかんと笑って言う。

都路では夏の初めころから、ひんやりと体を包み込むような風が浜のほうから吹いてくる。ヤマセと呼ばれ、冷害も引き起こす風だ。オホーツク海高気圧が張り出すことでもたらされる。この日は、おだやかな一日だったが、窯のある辺りは特に西風が強くて、いったん風が吹くと、人と話ができないほどだという。

昔は、炭にする木も自分たちで伐っていた。

「手のこでざっくざっくと伐り出す。大変だった。手のこは一人で挽く。今は一〇倍速い。チェーンソーでばあっと伐っちまうからな。一五、六歳でも昔は伐ってた。上の学校なんか行かなかったもん、普通の生活ではめったに。一〇〇戸に二人くらいだったか。誰も彼もが（行けるわけじゃなく）、お金がかかって行けなかった。行かなくとも文句もなかった」

小学校の後、尋常高等小学校に通ったが、「途中で辞めた。遅刻をしたり、友だちと遊んだり。戦争中だもん。（戦争に）負けた時は一六歳。そうしたらもう、大人の世界だ」

地元の消防団に入った。一六歳でお酒も飲んだ。「八一歳で胃がんと肺がんの手術をするまで、ドラム缶七〇本は飲んだ勘定だな」などと冗談めかして言うが、思う存分、やりたい放題ではあったのだろう。

木炭生産組合

炭焼きは家族も地域の人たちも、総出でやった。

たから」

「隣近所、『結《ゆい》』っていって、交流してな。あのころ、ずっと一〇〇メートルごとに大きな窯があっ

当時、木炭を焼く人たちには主に二種類あった。一つは、業者に「焼き子」として雇われ作業する人。もう一つは、個人で仲間と組合をつくって、自分たちで焼く人。青木さんは、後者のやり方で焼いていた。焼いた木炭の売り先も自分たちで決めていた。

隣近所一〇軒ほどで、「木炭生産組合」をつくった。すべて作業は協力して進める。互いの家の炭焼き窯を、みんなで作る。組合員の全部を作り終えてから、木炭を焼く。

青木さんたちは、原料の木を、国有林の払い下げで得た。払い下げのお金は、前払いしなくてはならなかった。お金が足りない時は、木炭の買い入れ業者らに借りた。

都路にあった木炭の買い入れ業者の一つ、「丸一」で、一九七五年に店を閉じるまで女将を務めた渡辺静子さん（九五）は言う。

「炭は、都路全部で焼いていました。飯坂（福島市飯坂町）から（炭焼きに）来る人もいました。小屋を持って焼いている人もいましたし、地元の人はうちから通う人もいました。お金を前借りする人は多かったんです。一〇〇〇円か二〇〇〇円だったか。生活は大変だった。私は専売店をやって米や酒、切手、塩を売っていました。炭焼きさんも買いに来ました」

木炭は大きなトラックでどんどん運ばれて行った。よく売れたのだ。店はお手伝いさんも雇い、東京から炭を買いに来るお客さんがあれば、家に泊めて世話をした。経済的に余裕もあったのだろ

1959年1月、木炭の「初荷」（渡辺静子さん提供）

う。トラックに幌をはって、家族旅行したという。ばたばたと幌のはためく音を聞きながら穏やかに過ごした海辺の思い出を、静子さんは話してくれた。

青木さんら木炭を焼いていた住民は、いい木炭は売ってしまい、家で使うのはもっぱら粉炭だった、と言うが、丸一では、ご飯を炊く時の蒸し釜には、コナラやクヌギ以外の広葉樹の雑木で焼かれた炭を使い、おかずの煮炊きやお湯をわかす七輪には別の炭を使って、台所で炭を使い分けていた。一九八三年に都路内で引っ越しをするまで、木炭を使っていた。

丸一は先代が一九三四年に始め、一九七五年まで続いた。「ガスボンベが出てきて、炭は売れなくなりました」と静子さんは説明した。

都路町観光協会の武田義夫会長（七七）によると、昭和の初め、都路町には代表的な木炭の買い入れ業者として「丸善」「丸一」の二社があって、東京や関西方面へ出荷していた。業者に雇われた「焼き子」は丸善で三〇〇人、丸一で一〇〇人。県も職員の「木炭検査員」が窯を回って品質向上の指導をし、年に一度、品評会を開催。優秀な木炭を焼いた焼き子を業者は「模範窯」に指定し、慰安の一泊旅行に連れて行くこともあった。

青木さんたちは、炭を家族総出で焼いた。幼い頃はおじいさんに連れられて、二〇歳すぎで結婚してからは幼子も連れて妻、母親と山に入った。山で子どもは母親に守をしてもらい、若夫婦で木炭を焼いた。若夫婦は「一生懸命働かなければならない」。

よそから炭焼きに来た人は窯のそばに小屋をかまえて寝泊まりしていたが、青木さんたちは日ごろは家から通った。ただ、「窯止め」といって窯に入る酸素を遮断するときには、寝ずの番で付きっきりになった。「雨の晩とか、いやだったなあ」

いつごろから木炭を焼いていたのか、はっきりは分からない。「じいちゃんは焼いていた。教わったというより、子どものころから山に連れていかれたので、やっているうちに覚えた」。山が、山にいることが、骨身にしみている。

腹が減っては力も出まい。弁当は二個持って行った。サクラの木を板状に薄く切った木片で包むこともあった。サクラの木の皮は、むいて売っていた。弁当の中身はあわせて米五合。昼に一個食べ、夕方、帰る前にもう一個。「面倒だからと一度に全部食べてしまうこともあったが、腹もこわさずやっていたな」

「おやつもおかずもねえもん。太いキュウリを一本、カボチャの葉でくるんで背負ってく。いやいろいろ大変だった」

都路で炭焼きのころを経験した人たちに聞くと、山ウサギも捕ったたし、虫も焼いて食べた。どぶろく酒は家で作った。ワラビ、ゼンマイ、フキなど山菜や、キノコはたくさん山にあった。でも、忙しくてなかなか採る暇はなかった。ウサギを飼って正月には食べた。はいだ皮を取っておくと、地区を回って買い上げていく人がいた。魚は天秤棒をかついで売りに来る人がいて、氷もなく沢の水をかけながら歩いてくるから、表面が白っぽかった――と返ってきた。

「なんと貧乏な。けだものだな、人間は。でも、腹もこわさずやっていた。今はスーパーで、賞味期限はどうかと見てから買うが」

同じように、都路で最近まで炭を焼いていた渡辺喜孝さん（九三）に翌年会った時には、「炭焼きをすると、真っ黒なつばが出る。でも、肺結核になった者はいなかったな。不思議だ」と話していた。青木さん、渡辺さん、それに、あけび蔓細工職人の吉田三郎さん（九〇）は同年代のせいか、三人で仲がいい。

当時の労働は過酷だった。食べ物も米のほかはろくにない。頼りはもっぱら自分の体。そんな毎日の中で、同じような暮らしをおくる者同士で助け合う「結」は、何より心をほっとさせる安心の源でもあったのではないか。

木炭生産組合の中では各家が交代で「窯主《かまぬし》」になり、組合員家族のみなの働きをねぎらった。これも、結だ。ひと仕事を終え、午後二時、三時になったら窯主の家に行き、ふるまいのお酒を飲んだり、おはぎを食べたり。会津漫才のような掛け合いで人を笑わせたこともあった。

「酔っぱらって、沢に入ったりして。楽しかったー」と、昨日のことのように口にする青木さんや渡辺さん、吉田さんの表情は、うきうきと高揚して心底楽しそうで、こちらもつられて明るい気分になった。

冬はつとめて

私は、シイタケ原木の生産につながった木炭生産時代のことを知りたいと思って、炭を焼いていたころの話を都路で聞いてきた。ただ正直なところを言うと、木炭を使うといっても、実感がわかない。自分で使う生活の経験がないのだ。石油、電気、ガスが主なエネルギー源になって六〇年以上がすぎ、そういう人が大半ではないだろうか。木炭を扱う機会といえば、キャンプ場でバーベキューをするときか、お茶の炭手前くらいか。木炭の生産が盛んだったころをより知りたいと思う。

『木炭』（樋口清之著、法政大学出版会）などを参考に、木炭の歴史を少しまとめてみたい。

「冬はつとめて。雪の降りたるは言うべきにもあらず　霜のいと白きも　またさらでも　いと寒きに　火など急ぎおこして　炭持てわたるも　いとつきづきし　昼になりて　ぬるくゆるびもていけば　火桶の火も白き灰がちになりてわろし」

平安時代の文学者、清少納言が宮仕えした経験を基に、宮中の生活などを記したという随筆『枕草子』に、こうある。「冬は早朝が良い」と、学校の授業で古文の学び初めのころに読んだような気がする。

記述から分かるのは、当時、すでにもう、炭を室内の暖房に使っていた、ということだ。炭火を使う道具もあった。辞書を引きながら、現代語に訳すと、こんな感じか。

「冬は早朝がいい。雪が降っているのはもちろん、霜の大変白いのも、またそうでなくても、ひどく寒い朝に、火などを急いでおこし、炭を（宮中のあちこちへ）運んで行くのも、冬の早朝にたいそう似つかわしい。昼になり寒さがゆるむと、火桶の火も白い灰が多くなり、良くない」

木炭は、人間が火を使うようになったころからあったという。日本最古としては、約三〇万年前に製造・使用されていたと推測される木炭が、愛媛県肱川村《ひじかわ》（現・大洲市）の洞窟で見つかっている。

木炭が何に使われたのか、といえば、暖房と調理、つまり生活の場に用いられた。

縄文、弥生時代の竪穴式住居では暮らしの燃料は主に薪だったが、一、三世紀に床張りの家が出てくると、暖房用に炭が使われるようになった。「火桶」「炭櫃《すびつ》」といった器具の名が、枕草子にはもう出ている。火鉢や炉、後に、鎌倉時代以降、あんか、こたつ、たどんなど、炭専用の道具も登場した。暖房のみならず炊事も兼ねて、室内の炉で炭を使っていた様子が、中世の絵巻物には描かれている。木炭は、薪と違って煙が出ず炎も上がらないので、室内で使いやすかった。火付きが早く、火持ちもいいことも、重宝された特徴だ。

暖房や調理以外に、点火用の火種や、食品の乾燥、麹の発酵、酒の醸造などの食品加工、養蚕にも利用された。

一方、弥生時代に金属の冶金精錬が始まると、熱源として大量の木炭が使われるようになった。奈良時代の東大寺大仏の鋳造に一万六六六五六石《こく》（一石＝約〇・二八立方メートル）、約八〇〇トンもの木炭が用いられたという。ほか、武器や農機具の製造、ガラスの加工や、茶道、防腐、防湿などにも使われた。

こうした多種多様な用途の中で、生活の燃料としての利用は、当初は貴族が中心だったのが、徐々に庶民に広がっていった。江戸時代には人口が増加し町民文化も成熟、明治時代にかけて、木炭利用はより一般化した。江戸、大坂、京都の大消費地、また他の中小都市でも需要が伸び、山林のある地方では木炭が生産された。

火鉢、七輪、あんか、炭ごたつ……。どの家庭にも炭の調理や暖房道具が普及した。炭と薪は、暮らしに欠かせない燃料になった。一九五〇年代後半から、家庭の燃料が灯油やガス、電気で賄われるようになるまでは、木炭がほぼ主役だった。

木炭の需要を支えたのは、山村の木と炭焼きだった。日本全国、山の木がある所なら、ほとんどどこでも炭は焼いていた。最初は自給自足であったのが、やがて、鉄道の開通などで遠方へ輸送できるようになると、東京などの大消費地に出荷するための生産が、地方で増えていった。全国の生産量は一九四〇年、過去最大の約二七〇万トンに達した。

「東京出荷に不良品は出さぬよう」

福島県も、東京など関東へ出荷をした木炭の生産県の一つだった。

福島県編『福島県木炭のあゆみ』には、県の関係者が昭和初期の生産の最盛期を振り返る言葉が多くつづられ、行政からの目線からではあるが、時代の波にもまれた木炭生産の激動ぶりが読み取れる。

県内でもとりわけ阿武隈山系は、木炭生産の中心的役割を担っていた。コナラやクヌギの炭に向いた木々が多い山々だったのだ。

冬になれば、山々のあちこちから木炭を焼く白い煙が上がっていただろう。おもしろいのは、相撲の番付表にならって、町村ごとの木炭生産量を多い順に並べた「町村別木炭検査量番附」が、昭和初期に県により作られていた。赤と黒の二色刷りで、行司は「福島県木炭検査所」、勧進元は「福島県内務部」とある。町村のライバル心を煽ったことだろう。それによると、一九三三年に番付けされた一一八町村のうち、当時の都路村は九番目で西方前頭筆頭。横綱・津島村（現浪江町）、大関・荒海（あらかい）村（現田島町）、関脇・三阪村（現いわき市）、小結・鮫川村に次いでの位置だ。ちなみに東方の横綱は川内村。

ちょうど、よちよち歩きの青木さんが、木炭を焼く祖父に連れられて山に入るようになったころだったろうか、一九三三年に、福島県は県内で生産された木炭の品質検査を開始した。そのための拠点として「木炭検査所」を設け、県内を五支所に分け計六七カ所の駐在所を置いて木炭検査員が常駐した。県外の問屋などで不良品は容赦なく買いたたかれる。東京など都市部への出荷が増えるにつれ、品質をそろえて販売競争に打ち勝つことが課題としてのしかかるようになっていた。一九三三年の統計で、県内の木炭生産量一億二四七二万六四九キロのうち、約五五％にあたる六八四一万二〇二四キロが、東京、千葉、埼玉、神奈川の関東地域に出荷されていた。

それまでは、民間の木炭問屋、移出業者、製炭業者ら木炭の製造・販売業者がつくる「木炭同業組合」が自主的に規格を定め、検査をしていた。木炭同業組合は、一九〇〇（明治三三）年に公布された「重要物産同業組合法」に基づく法人組織で、福島県内では一九二二（大正一一）年に五つ（福島、田村、県南、浜三郡、会津）の木炭同業組合が発足し、製炭技術の指導と検査を開始。検査は俵の乱れや、炭化が不十分な、いぶり炭、夾雑物《きょうざつぶつ》の混入を防ぐことが主な目的であった。

だが、業者間にまとまりはなく「検査の適正化について絶えず苦情や争があり」（『福島県木炭のあゆみ』）、厳しい格付けもできず、県営検査に移行したのだった。ちょうど火鉢や炭ごたつ、七輪など家庭用の燃料の需要が増え、品質のそろった、商品として価値のある木炭の生産が必要とされる時代になっていた。福島だけでなく、各地の産地で品質の安定が図られた。

当時、木炭検査所長を務めた元県職員は、一九三三年六月の県営検査開始直前、特別措置として設けた検査免除の申請に人が押し寄せ、「出荷動乱の巷と化した」と記している。同月一六日に担当地区で行った初回の検査では、木炭二〇〇俵を調べたうち合格は一二俵きりだった。

木炭検査員の中には土日も休みなく、山の小屋から小屋へと時に泊まりがけで産地を巡る人もいた。足はもっぱら徒歩か自転車だった。「東京出荷には不良品は絶対出さぬよう」誓い合い、生産者同士で検査しあう仕組みを工夫してつくり、品質の安定を図った例もあった。また、生産者が原木を調達するお金を勧業銀行から借り入れできるようにして、従来の業者と手を切らせて、より高値で自由に販売できるようにした例もあった。

木炭生産者の境遇について、三〇年有余、木炭検査所長を務めた元県職員は、元をたどれば富国強兵を押し進めた明治時代、税制度が農山村には重圧となり、「農地を、山林を持たない農民、子弟は……（中略）……山持ちだんなの世話で焼き子となって製炭に入る。隷属的労働条件が発生する」と一つの側面を記している。「隷属的」とは、焼き子が、業者の決めた一俵いくらの安い焼き賃で製炭したり、材料の木を買うお金を業者から借りて、その代わりに製品をすべてその業者に売る契約をしたりと、業者の言いなりになっていた関係性のことだ。

くまなく検査体制を敷いた結果、木炭の品質は向上した。だが、時代は戦争へと向かう。ガソリン不足は甚だしく、ガス用木炭など木炭は産業用エネルギーとして期待を背負うことになる。

一九三九年には、都市部で木炭が不足し「木炭飢饉」と言われたほどだった。国は木炭を重要農林水産物増産助成規則で重要品目に指定し、配給統制をして、生産県は農林大臣指定の消費県以外への出荷を禁止された。翌一九四〇年には木炭需給調節特別会計法が公布され、木炭は政府買い上げとなった。薪炭材の売買も知事が統制した。求められるのは質より量の時代である。福島県には増産を奨励するため、農林大臣や皇族も訪れた。

同年、当時の都路村長が議会に提案した記録では「時局下深刻化セル木炭需給関係ノ推移ニ鑑ミ政府に於テハ八十一億九千六百万貫ノ増産計画ヲ樹立シ本県ニ対シ四割余ノ割当アリ従テ本村ニ対シ百二十万九百四十四貫ノ生産割当ヲ受ケ」とある（『都路村史』）。都路村に課せられた生産量一二〇万貫は、前年度生産量の一・六倍強にもあたった。一二〇万貫は一俵一五キロで三〇万俵分に相当し、当時の農家一戸あたりの黒炭生産量は、約四カ月働いて三〇〇～四〇〇俵であったという。『都路村史』には、軍人軍属の召集で働き手を失った農家も多い中で、一二〇万貫という生産量は「常軌を悦脱（本文ママ）した机上計画」であったと記されている。

これを受け、一九四〇年、福島県の木炭生産量は年間一七万トン超の最多を記録した。一九三〇年は八万一〇〇〇トンだったから、一〇年で倍増だ。木の生長量に比べ、消費量の増えるスピードはかなり早かったにちがいない。

木炭車が登場したのもこの頃だ。木炭バスが町を走り、バスの後部に据えられたガスを発生させる機械に木炭を入れ、がらがらと風車を回してガスを発生させていた。「木炭車は大発見だが、性能はガソリンと比較にならないほど劣っていた。……（中略）……薪炭の増産供出を軸とする林野行政は、森林の破壊と国土の消耗以外のなにものでもなかった」と、木炭検査所長の経験もある元県職員は記している。増産に明け暮れた結果、戦争が終わってみれば、はげ山が広がっていたのである。

戦後も木炭の生産は続いたが、一九五〇年代後半になると生産量は年々減少。家庭用の燃料としての需要が減ったのが大きな原因だ。全国一世帯あたりの光熱費の推移をみると、木炭、薪、煉炭、電気、ガス、石炭、その他の区分で一九五五年に二二%を占めていた木炭は、一九七五年には〇・二%まで激減した。代わりに電気が二五%から四五%、ガスは一八%から四二%を占めるようになった。

木炭は生産面でも苦境にあった。原木が枯渇し、伐採場所はどんどん奥地へ深まっていった。パルプ材としての需要も伸びていた。同時に、農山村は若者が戦争で減り、さらに戦後に都市へと流れ、労働力が不足。木炭の生産費のうち原木代や労賃の割合が重くなった。

そのさなかでも、農閑期の仕事を絶やしては農山村の経営が成り立たなくなると警戒し、県は木炭の別の活用を探り、工業用木炭の黒炭生産に助成するなど力を入れた。日本電工など金属の製造に木炭を必要とする企業が県内にはあり、年間生産量の二割まで工業用が占めた時期もあったが、石油の時代に、それも続かなかった。一九六八年、県は「産業経済性を失った」として、一九三三年から続けた木炭検査を終了している。

福島県農地林務部林産課がまとめた『製炭実態調査報告書　昭和四十二年六月』によると、県内で前年の一九六六年は製炭戸数が約五〇〇〇戸あり、一九五七年の一万五〇〇〇戸から、約一〇年間で三分の一に減っていた。一九六六年の生産量は約三万四〇〇〇トン、製炭従事者数約八〇〇〇人、炭窯は五〇〇〇基。市町村別で見ると、都路村（当時）は生産量が三〇二四トンで県全体の一〇分の一近くを占め、七〇四人が製炭業に従事していた。いずれも県内市町村で最多だった。軒並み生産量が減っていく中で、最も遅くまで木炭生産が続いていた村の一つということになる。

それにしても、世界では今も、木材生産の五割以上は、薪や炭にするために行われている。一方、日本では、木炭と人の何千年にもわたる長くて深い関係が、この六〇年ほどで、すっかり様変わりしてしまった。

人の暮らしが先人の営為の積み重ねの上に成り立っているとするならば、この変わりように、私たちは本当はまだ追いつけていないのではないだろうか。目の前に現れる新しい科学技術に翻弄され続けていて、「冬の朝には炭火をおこす様子がぴったりだ、そういう冬の朝はいいなあ」としみじみ感じたような心身ともに満ち足りる生活の感覚を、どこかに置き忘れているのではないだろうか。木炭を見直す動きや取り組みが日本でやまないのも何となくうなずける。

「気持ちが宙に浮いてしまった……」

木炭は、一九六〇年代に燃料としての主役の座を石油に譲った。炭の収入を失った青木さんだが、牛を飼っていた。やがて阿武隈山系開発といって国と福島県が一体となり、都路村も含めた県内約二〇市町村で広域農業開発、畜産基地建設を進めるようになった。都路村は「和牛の都路」を標榜した。

青木さんの長男の一典さんに嫁いだ節子さんは、若いときに見た哲男さんら、牛農家同士が、ここでも「結」の共同作業をしていた様子を印象深く見つめたという。

「草上げといって、一一軒の牛農家が共同でやっていました。コンバインで牧草を刈って、四角くまとめて、トラックで倉庫に入れる。じいちゃんは牧草をフォークで、ほいっ、ほいっとトラックに積んでいました。順々にうずたかくなっていって。すごいなあと思った」。仕事が終わると、あっちの家、こっちの家で互いに行き来してお酒もよく飲んだ。結が、仕事を変えた後も気心の知れた人たち同士のつながりを支えたのだろう。

でも、原発事故後は、都路町の住民にも気持ちのすれ違いが起きた。「自分のことばかり、というのか、気持ちがばらばらになっている気がしました」と、節子さんは話した。そういえば青木哲男さんのところに連れてきてくれた合子《ごうし》地区の坪井哲蔵さんも、原発事故により二年間避難した後に家に戻ったころのことを、地元がばらばらになったと感じたと話していた。「気持ちが宙に浮いてしまったの。みんな、仕事もなくなって、これからどう進んでいけばいいか分からなくなって」と。地域の集まりにも、おっくうがって顔を見せなくなってしまった人もいるという。

ちなみに阿武隈山系開発事業は、大型の補助金が魅力で、牧草地は広がり牛の飼育頭数も拡大した。だが、補助金の内容は精査すれば農家の使える金額はそれほど多くはなく、かえって農家の持ち出しに頼る結果に終わったと地元の人たちは言っていた。

さて、青木さんは働く日々をおくってきた。大根やホウレンソウなどの野菜づくりを原発事故までの二五年続けた。青木さんの作ったホウレンソウは出来が良く、市場から引き合いが多かったという話を、近所で聞いた。夏は畑で働き、農閑期の冬はチップ用の木の伐り出しや、建設から二〇年の節目を迎えた原発での仕事など、「多種多様」の仕事をしてきた。

「考えてみると、いろいろやって暮らしてきたな。これも山があるからだな。山は自由だな」

七〇歳、八〇歳と年齢を重ね、よく周囲の山を眺めては、あそこで自分は炭を焼いた、こっちでもやったなあと、輪が途切れることなく続くのだという。

「日本は、もともとは山が大事だったのよ。山で暮らしてた時はな。国が木を植えましょうと、スギだのマツだの植えたっぺ。それが六〇年、七〇年してちょうど伐るころに、売れない。ここは広葉樹だが、これも売れねえでは。特に原発なんてあればな」

高度経済成長時代、便利だからと身の回りの物がプラスチックなどの石油製品で作られるようになり、家を建てるのも木造は減った。日本は山も木もたくさんある国なのに、安価だからと輸入材を使い、日本の多くの山や木はほったらかしになった。

世の中の価値観が経済と効率をどんどん優先するようになり、それが人の日常を浸食するにつれ、長年、何世代にもわたって伝えられてきたような、足元の自然と向き合い付き合って、知恵と工夫で暮らしに生かす機会や場面は失われてきた。地方から都市へ人も流れ、ますます山から暮らしは遠のいた。

二一世紀の今、大量の微小プラスチックが海を漂い、手入れをされずに荒れた山は薄暗く、人は孤立し生きづらさを抱える。

「(原発の) 廃炉を、と今、人は言うが、造ったときは喜んでなあ、運動して造ってもらったんだ。

役場も潤ったわけだ。でも廃炉なんて、ちょっくら壊したって、捨てるとこねえんだからな。どこさ捨てたらいいかわかんねえと。持って行きようがない」

阿武隈の山、都路の山は、青木さんにとってどんなものなのだろう。

「自然のもの。水資源だな。裸山にしたら鉄砲水で水害が起こる。空気もきれいにしてくれて。まあ奥深く考えると、山のために仕事はいろいろあった。山は生活にためになっている。山が害になることはないぞ。山があって水がある。ありがたいもんだべ。離れるなんて考えられねえ」

ちょっと風が吹くと騒がしいけんどな、と笑う。

「のんきな時代を俺は暮らしてきたなあ。わがまま放題で、いい時代だった。なんにもおっかねえもの、なかったもん」

青木さんが今も炭を焼いているのは、必要とする人がいるからだと思う。決してたくさんの需要があるわけではないし、規模を拡大するわけでもない。ただ、必要があるから、焼いている。目の前の山にあるものを生かして、自分がやるべきだと思うことをやっている。青木さんの仕事は、欲が膨張しせめぎあって破綻しそうな今の社会に抗して、まるで、くさびを打っているようなものなのだ。

あちらこちらから白い煙が立ち上る山を、顔を黒くして若者たちが行き交う。赤ん坊の泣き声や、きゃっきゃっとはしゃぐ子どもたちの笑い声も響く中で、木材を窯に並べて木炭を焼き、運ぶ。みな全身の力を振り絞って働いている。合間に一服する集まりと、にぎやかな笑い……。

振り返ると、阿武隈の山からそんなかつての人の息遣いと、さざめきが聞こえてくる気がした。

トロッコレールを復元

鉄の軌条にクリの枕木。都路の国有林で、清冽な滝を見下ろす渓谷「行司ケ沢」の遊歩道に、二〇一九年秋、「行司沢《ぎょうじさわ》支線のトロッコレール」がお目見えした。

山で伐り出した木材や、焼いた木炭を運び出すために、大正時代に着工した「浪江森林鉄道」の支線の一つで、一九二二（大正一一）年に開通した行司沢支線約四キロのレールの一部。当時の県内最大規模で、一帯を管理していた東京大林区署郡山小林区署が開設し、車道に替わる一九三一年まで使われていた。大林区署、小林区署は、ともに国有林の管理と経営を行う目的でつくられた組織のことだ。

東日本大震災後に住民でつくった都路町観光協会が、先人の山の暮らしを伝えたいと、福島森林管理署と共に復元した。

「森林鉄道は、阿武隈山地の豊富な森林資源を首都圏に供給するために利用された。関東大震災後の復興にも用いられただろう。東日本大震災後、我々にも支援物資が届いた。同じ繰り返しだ」と観光協会の武田義夫会長は言う。

レールは、珍しいドイツの兵器製造会社クルップ社の一九一〇年製。動力は電気ではなく山の下りの傾斜を利用し、空のトロッコは人が馬や牛で引き上げた。復元されたレールの傍らには説明板が立てられていて、当時、山中の支線沿線に住んでいた炭焼きの集落の人たちの暮らしや仕事を、写真と簡単な解説で伝えている。木炭を焼くために、各地の山を回っていた人たちがいっとき、居をかまえた集落だ。

「一五軒の家があり、学校もあった。一つの山で木炭製造、材木の切り出し、搬出をして、それを終えると、また次の町の山へと移る。中には都路に住み着いた方もいた」

鉄道によって都路産の木炭は東京へ輸送されるようになり需要が急速に増えたが、地元では、すでに江戸時代に盛んになっていた。

『都路村史』によると、江戸や大阪など都市が発達した一六〇〇年代末、元禄の頃から貨幣経済が進み、年貢を納める現金収入を得る道として、馬の生産や養蚕と共に木炭生産があった。庶民は、鎌で刈れるそだ（木の枝）などを燃料にし、立派な木炭は城下町で使われた。当時の三春藩で「炭焼き奉行」に任命され木炭産地に出張した役人の記録もある。

さらに「明治政府はコナラやクヌギの植林を進めた」と宇都宮大学名誉教授の谷本丈夫さんは話す。木炭用ではないが、今も見かけるアカマツは、炭鉱の坑内で、坑道を支える坑木に重宝された。人々が炭を焼くために足繁く通った山の道の中には、一九六〇年代から始まったシイタケ原木の生産で十分に使える所もあったと聞いた。

都路町観光協会会長の武田さんの家を訪ねた。市道から少し上がった小高い所にある。玄関を入ると、すぐ掘りごたつのある畳の居間があって、そこに通される。

正面奥の台所のガラス窓から見える「庭」の眺めにびっくりした。山の斜面に大きな岩が壁のように立ち並び、その斜面を滝のように水が流れ落ちている。訪問したのは二〇一九年六月。水は山から自然に流れてくるのだそうで、「田植えの時期だから、今は水が少ない」と武田さん。水は一帯を巡っているのだ。

元都路村の助役を務めた武田さんの先祖は、新潟から移り住んできたという。一七八〇年代、浅間山の噴火や気候不順で凶作が続き全国的に大飢饉《ききん》となった天明の飢饉で、飢えをしのごうと食べ物を求めて人々がさまよった。都路でも多くの人が亡くなって空き家ができ、そこに先祖が入ったのだそうだ。

妻の和子さん（七二）も加わって、「結」の経験が話題になった。

「茅葺き屋根を葺くのを部落の人みんなでやったんです。子どものころ、私も手伝いに行ったことがあります」と和子さん。ちょうど高校を卒業したころのことだった。母親が用事があって行けなくて代わりに出掛けたという。

茅葺きは、田植えと共に、結で行う大きな仕事だった。当時は、茅葺き屋根の家が多かった。順番に互いの家の屋根を共同作業で葺いた。

「何でも手作業でした。足場のようなものを組んで、茅を縄で縛り付けていくのを見ていました。カヤデさん、といって、六〇代くらいだったんでしょうか、屋根を葺く人が部落にいました。昔はたくさんいたんです。どっちんどっちんと茅を木でついて。女の人が茅を運んで、男の人が屋根に上がった。手伝いの人は『てこ』と言われていましたね」。古くなった茅を取り除いたり、新しい茅を差し出したり。カヤデさんの指示で作業しながら、和子さんは、周りの大人たちがにぎやかに話をしているのを聞いて結構楽しかった、と言う。

茅葺きの茅には地方によってさまざまな植物が用いられ、都路の場合はススキ。山には茅を刈る茅場があった。茅刈りも手作業だった。刈った茅は小屋に蓄えておく。屋根は二〇年に一度くらい葺き替えたので、それに備えていた。

お葬式の食事の準備も結でやった。

「昔は前の日からその家に行って、もち米を洗っておいて、当日は朝三時から、小豆と一緒に釜でふかします。小豆は祝い事のお赤飯の半分くらいの量だから、白くできあがります。『おふかし』と言って、九時ごろには食べられるようにしておきました。親戚の数によって、量が決まります。それを折り詰めにして。準備が悪いと、部落に恥になっから、とよく言われました」

おふかしの担当を釜場、といって、三、四人がかりだった。おかずには、ジャガイモやニンジン、こんにゃく、さつまあげなどで素朴な煮物など作った。これも前日に半日かけて材料を刻んで準備して、当日は朝七時ころから炊いたそうだ。

今、都路を歩いていると、代々続いてきたような、大きな屋根のある木造家屋をよく見かけるが、その中に茅葺き屋根はほとんどない。元は茅葺き屋根だったのを、上からトタンをはって覆ってしまったような家が多い。茅葺きの手間がいとわれるようになったのだろうか、共同で屋根を葺く作業ができなくなってしまったからだろうか。

　都路で土中から掘り出された土器をはじめ、さまざまな骨董品や古い品々を集めて展示している「小さな歴史資料館」を個人で開いている渡辺清光さん（六八）も、「農業は結いでやっていた。苗代づくりや田植え……、一〇軒くらいで朝の五時からやったな。『一服』といって、カボチャや小麦粉をふかしたのを鍋に作って田に持って行った。ぶどうのジュースと一緒に。うまかったな。それも昭和四五年ころまでか。だんだん会社勤めをする人も増えて、農業をする人は減った」と話していた。

　今も残る「結」は、お葬式の手伝いくらい、と和子さんは言う。東日本大震災が起きる前は自宅でのお葬式が多く、集落の各家から二人ずつ、二日間は手伝いに出た。震災が起きて原発事故の後に住民が避難していた間は、お葬式を自宅で出せなくなって、葬儀場でするようになり、それがそのまま続いているという。それでも各家から一人は出て、受付や会計を手伝うのだそうだ。

都路で最後の炭焼きになった青木哲男さん。市道沿いで伸びて道にかかりそうな木も伐って炭に焼く。「俺は市の環境清掃係だな」と愉快そうに話す

コナラ、サクラ、クヌギ……炭に焼く木は整理されてどんどん積まれていく。
細い小枝まで窯に詰めて内部の隙間を埋めるのに使う

都路のシイタケ原木はまっすぐで樹皮がなめらか、質が良いと評判だった

炭焼き窯は周辺の土を材料に手作りする。台風や地震で壊れては作り直す

青木さんの炭を楽しみに待っている人たちがいる

子どものころからおじいさんに連れられて山に入った。
農具も手作り（右）

炭焼きの灰を肥料に野菜も育てる（上）
哲男さんのことを「おやじは本当に山のことも木のこともよく知ってる」と
長男の一典さんは尊敬している（前ページ）

第三章——都路の森林組合——ここで暮らしが続くように

木を使い切る

都路のシイタケ原木生産の中心を担ってきたのは、ふくしま中央森林組合都路事業所だった。なぜ都路で原木生産だったのか、組合はどういう考えで山づくりを進めてきたのか。都路を訪ねるたびに、私は事業所長の渡辺和雄さんに聞いた。原木林を案内してもらったり、作業の現場を見せてもらったりしながら、何度も同じ質問をしたりして、うまく話を飲み込めない素人の私に、こつこつと繰り返し話をしてくれた。

徐々に分かってきたのは、組合が山づくりをする上で大切にしてきた基本線が強くあるということだ。薪炭林から移行したシイタケ原木生産を、組合は住民の意向を汲んで手掛けてきた。やがて時代とともにシイタケ原木の需要が減ると、組合は別の使い道がないかと山づくりを模索した。そのさなかに原発事故が起きた。

山の木々をただちにシイタケ原木として利用する道は絶たれた。この先一〇〇年たっても放射性セシウムの濃度はゼロにはならず、その見えない壁が立ちはだかる。失われたものはシイタケ原木にとどまらない、と渡辺さんに話を聞きながら思った。

事故から一〇年後の二〇二一年度、放射能に汚染されて手付かずになっていた原木林を皆伐して再生させるという国と県の事業が都路で始まった。これから山や木々にどう向き合うのか。未来は過去の積み重ねの先にあるだろう。長い目で考えるために、これまでの組合の山の取り組みを渡辺さんに聞いた。

――最盛期は何本ぐらい出荷していたのですか？

最盛期は五〇万本くらい出してたからね。もっとかな。最近、平成二〇年（二〇〇八年）ころは二〇万本くらいかな。（木が）二〇歳になって伐って、四〇年で二回、うまくいけば伐れる。

――最盛期には雇用も多かったのでしょうか？

私が森林組合に入った二〇〇八年には、一〇〇人くらいあったのかな。そのうち一般作業員は四〇人ぐらいで、あとはほとんどが臨時雇用だった。季節労働の田んぼの仕事が終わってからの臨時雇用だった。

――具体的にはどんな作業をしましたか？

原木は、そもそも手作業だけ。山の斜面でチェーンソーで伐ったら、その後はすべて手で出さなくちゃいけない。手でかついで手で積んで手で下ろす作業。山から斜面を下ろすのも手でまくって（転がして）全部やってた。道路は三〇～四〇メートル離れているんです。伐ったらぶん投げるわけにもいかない。ゆっくり転がしてくる。

――カートは、使わないのですか？

道路は積んで運ぶが、山ではそんなもの使いません。すべて手で一本一本。すべて手作業だったので単価もかなり良かった。山（木）の単価。労賃は安い。

――山買いとは、山の所有者と契約して、そこの木を伐って売る権利を買う、ということですか？

そう。山の木を買う。最近は山（の木）自体がヘクタールあたり一五万～二〇万円くらい。パルプしか（木が使え）ないので。昔シイタケ原木があったころは、六〇〇〇、七〇〇〇本くらい、最高で。（少なくとも）五〇〇〇本くらいは出ていたのかな、一本一〇〇円なんぼ。一〇〇円としても結構出る。副産物でいろいろ売ってもいた。

原木として売るほうがいかに高いか。パルプだと一立米《りゅうべい》（立方メートル）七〇〇〇円くらいかな。工場着（＝チップ工場までの運搬費込み）で。（山の）土場だと一立米四〇〇〇～五〇〇〇円くらい。シイタケ原木は一立米二万三〇〇〇円くらいあったと思う。値段でいうと四倍くらい。（シイタケ原木があるところは）山が四～五倍の値段で売れていた。すべてお金が一番の問題なのでお金で言ってしまうが。経済林だった。そういうふうにやってきた。

――組合にも利益があったのですか？

売るときには一本一五〇円。（組合の利益は）一本三〇円で、二〇万本でも結構になる。

今は賃金的にもあがってきてるから大変だ。当時は最低賃金くらいだったんじゃないかと思う。二〇〇八年のちょっと前ころ。俺が入ったころは、最低賃金が日当五六〇〇～六〇〇〇円くらいだった。今は七〇〇〇なんぼかな、八時間労働で。だから作業員は八〇〇〇円くらいで使ってたのかな、今は一万円くらい。社会保険入れると一万二〇〇〇～一万三〇〇〇円。震災の影響で金はなんぼか上がってきているのかな。

最近は（所有者の）山離れも多くなってきた。二〇年かけて二〇万円、ヘクタールあたり年間一万円くらいしかたまらないのでは、やらないかもしれない、所有者は。もういいからって。

――パルプだけではそうなってしまうのですね。

うん。最近の話で、三〇ヘクタールくらいあったのかな、六〇〇万近くで買ったのか。パルプで材料的にぎりぎりある。新しい（補助）事業を使って。昔は、全然値段が違う。一ヘクタール一〇〇万とかあった。だから、それしか出ねえのかよって（所有者に）よく言われる。そう言われても今がそうなんだからだめだよって言っている。それだけ収入を個人は得ていたのかな、山から。伐ることで組合も人を雇うこともできた。

――山も、持ち主も、組合も、地元もみんなうるおったのですね。地元の人が働いていたのですか？

働いていたのは地元の住民がほとんど。一割くらいは常葉町か。ほとんど都路の人だったんではないかな。

――にぎやかでしたね。山以外ではどんなところで働いていたのですか？

勤め先は、役場、組合、農協と、鋳物か何かの製作所。今は全部撤退してしまって。一番は、都路で循環していたわけだね。人も、都路から離れる必要がなかった。都路で仕事をして、春から秋までは農業でめし食って、冬は組合、臨時作業員で仕事して外貨を求めて。それでぐるぐる回っていた。今は勤めるところがなくなったので遠くに離れて住むようになり、循環が崩れた。崩れると、人がだんだんいなくなって。いまの現況だ。循環ができなくなってきてんでねえの。

――震災で山の仕事の何がどう変わりましたか？

人が入ってこなくなった。組合に。それが一つ。仕事としてくる人が少なくなった。作業員の高齢化が進んだ。ずっと持ち上がりでいくので。新しい人が入らなければ。入ってくるのも年取った人しかいない。四〇、五〇代か、もう少し上。今は五〇以上が半分くらい。二〇代はいない。六五歳まで雇用している。それと、伐ることができなくて困っている。伐る山はあると思うが、所有者に返すお金がないのと、採算が合わない。

――震災前は原木販売が一番多かったのですか？

主にシイタケ原木。組合としては製材もけっこうやっていた。あとは、副産物で太い所はパルプにして。

おが工場があり、おが粉もかなり作っていた。だいたい原木をとった残りの上の部分、（直径）八センチとか細い部分、あと、サクラや、いろいろ原木以外のものを、おが粉にしていた。ナラだけではだめ。ナラが三（割）とか、ほかのものを混ぜておが粉にして販売する。ナメコ、シイタケの菌床栽培の培地の元に使われていた。畜産の敷き藁はやっていない。そういうのは製材のおがくずを使っていたと思うが、そのためには作っていなかった。ほとんどが培地。造林と製材所、おが工場がぐるりと回っていた。伐って、おが工場に入れて、おが粉を作って加工して、売却していた。

――これも、うまく循環していたのですね。

近い所に運んで近い所でやるから、運賃もそれほどかからなかった。

――おが粉は、お客さんに合わせて作っていたのですか？

粒の大きさとか。都路は三種類くらい作ってたのかな。三～四種類作って、ブレンドして持って行った。

――お客さんによってこだわりがあったのでしょうか？

あったみたいですね。おが粉って、同じように作っても会社によって作り方が違う。原木も同じ。都路、阿武隈の原木はいいと言われるが、実際は青森の原木のほうが良かったかもしれない。木として。使う菌によって出方が違う。原木に合う菌があったんじゃないかな。今の阿武隈山系の都路の原木に合う菌は良くて、それでたまたま出ていたのかな。青森の原木を持ってきたら、それに合う菌を使えばいいのかなと。開発は大変だろうが。

一番心配しているのは、他県の原木がよくなってくることかな。原木を作るというからこないだ、（呼ばれて）青森県に行ってきた。結構木肌もいいから原木になりうるんじゃないか。太平洋側だけだと思うんだが。木だけ見たらそんなに悪くはない。中身は別で、皮が厚いと菌が回りづらいので。それも菌の改良のことだと思う。木全体に菌が回らないとキノコは出ないので。皮が厚いと菌の周りが悪くて出ない。

菌の改良が進んで、静岡産や関西産とか、なんぼかやってるのかな、原発事故から七、八年たって困ってる人は困ってるんだけど、進んでる人は九州産の原木を買って（原木シイタケ生産を）始めている。もともと都路産の木を使っていた人でも。そろそろやる人はどれでやる、と始めているので、九州の木を使って菌をうまく回そうと思えば産地も変わっていくんじゃないかというのが一番の心配だ。

萌芽を伐って二〇年たって、原木使えますよ、と宣言したとしても、そのころにはもう産地は移動してるんじゃないのかな。今、原木をやろうという時にこういう否定的な考えでは怒られますが、それが現実ではないのかな。そこは、原木を使わなくなったら、別の何かを考えなくちゃいけない。

（二〇一九年一二月聞き取り）

所有者にお金を返す

都路の森林組合の山の施業は、ていねいだ、という声を地元でよく聞いた。コナラなどを伐採した後は、「地ごしらえ」と言って、地面に残った枝などを脇に寄せて積む「棚積み」をする。山の斜面に、幾重にも柵のように棚積みが並んだ独特の光景になる。次の作業がしやすいようにそうし

育ちの良い萌芽を残すために数を減らす「芽かき」の作業（著者撮影）

たいわば片付けをきっちりするから、都路の森林組合が施業した後は、「除地《じょち》」、つまりむだになる土地が少ない、という話も聞いた。新しい原木を育てるために、若い萌芽の数を減らして良い萌芽を残す「芽かき」や「除伐」、植えたばかりの苗木や萌芽がよく育つための「下草刈り」といった「保育」の作業も丹念にする。

――除地を少なくしようと意識してやっていたのですか？

やってますよ。なるべく所有者の山を全部やろうねと。いいところだけ伐らないで、全部伐って、一体化でやって、保育をしてというのが組合のスタンスなので。

――さっき見せてもらった山だったら、奥のほうの、原木になりそうな木が少ない山も全部手がけるわけですか？

うん、ああいうとこだったら原木がないから伐らないで終わろうね、といえば手間はかからないので、いいとこだけ伐ってやっていく考えもあるんですけども、奥のほうだってやっぱりおんなじ山なので、保育したり植えたりすることによって、コナラの数を増やすとか、そうすれば二〇年後、まあその木が太って伐れるようになるかどうかは微妙なんですけども、なるべく株作りをした方がいいんじゃないかなと。コナラの数を増やせば、二〇年後につながるでしょ。二〇年後、四〇年後につながる。気の長い話ですよね。株を増やしていくことによって、植えた株は二〇年後、そこではたぶん、まだ使えないと思うので、それをもう一回伐って、そこから出た萌芽は四〇年後、五〇年後は使えるようになるので、そうすると、コナラが増えるのかなと。

——都路の組合の山づくりは「除地が少ない」、「一発屋」（そこで一回きり伐採の作業をする業者）とは違う、と聞きました。

一発屋は（シイタケ原木を）伐って終わりだから。組合ってブランドみたいなもので、後々につながるようしっかりやらないと。最後までずっとそこでやっていくものだから。一発屋だったら、四〇、五〇年の木を伐って、さよならって言って終わりなんで。（組合は）ずっとここにいるので、変なこともできない。組合は、伐れば、またいつかは保育で戻らなくちゃならないんで。

もともと組合は、俺もそうだけど、保育事業をメインとして考えているのかなと。なぜっていえば、山を保育することによって、山は良くなるんで。除伐をしたり、植栽を増やしてもう少しコナラを多くするとか、というように取り組んでいて、良くなったらば、他の林業事業体が伐ればいい。

良い山になって値が高くつけば、所有者にはお金が多く戻る。
組合は高く買ったりできないので、一発屋どもが来て、本当に高く買っていくので、うちらへクタール二〇万しか出せないのに、六〇万とか出してる時代もあったらしい。そこをまた、伐った所に俺らが行って、また、保育。植えたり増やしたりして、やっていくのが、やっぱり組合の目的なのかな。他はどうか分からないですよ。都路はそうやってずっと、他の人が伐った山を、保育をかけて良い山にして、また次の二〇年、四〇年後、売って個人の収益を上げる。うちは補助金を使っているので、そういうふうにできる。一般の会社はなかなかハードル高いのかなと思う。

——前所長の青木博之さんが「競争はしない」と言っていたのはそのことでしょうか？

そう。組合は、作業が大変な保育を補助金を使ってやってる。簡単に言えば、保育事業でやって、良くなったらば、誰かが買ってくれて、その後、保育事業をやって、という形でやってたのかな、ずっと。それが組合の役割なんじゃないの。

だから補助金を一つの山の中に、何回も入れる。たとえば一町歩の山に更新伐（のため）という補助金を入れて、植え付けという補助金を入れて、下刈りという補助金を入れて、その間に、不要萌芽除去という補助金。次に十何年後に除伐という補助金入れて。組み合わせてやってきたのが都路の山だったのかな。他にはあんまりないんじゃないの。

——所有者にお金を返せれば、と思ってのことですね。

一番はね。経済林なので、所有者にお金を返す。ただで山持ってたって税金払うわけだから。でも、それがだんだん崩れてきたよね。伐ってる人も少なくなったし、シイタケ原木にも使えないので、ほかから来て伐ることがない。やっぱり組合が伐って、伐採も保育の一貫として考えてやらないと。二〇年後、戻ってきて、誰か伐る人がいれば、また同じ所に戻れるのかな。今は組合が伐採するのも、保育事業として伐採している。だから申請をして、補助金も何とか入れてくださいよという形をとって、やっと皆伐も認められた。そういう繰り返しで何十年もやってきた。元々は補助金は俺は嫌いだったが、組合に入って、補助金なしではできないと分かった。

――原発事故の賠償金額は、旧警戒区域を除き、原木林はヘクタールあたり六八万円と、手入れされていたという理由で高い。他の山は一〇万だそうですが。

「都路は、いいね」と言われた。でも、お金では戻せない。これからどうするのって、答えは出ていない。答えは二〇年後、どうなんのかな。

――今年（二〇二一年）、原木林の再生を目的にした皆伐事業が都路で始まりました。伐採も組合にとっては保育の一貫ということですね？

正しいのかは微妙ですけども、そういう考えをもってやらないと、進まない。黙っていたら誰も全然伐ってくれないし、植え付けという保育も続けられない。

――強い意志をもってやらないといけないのですね。

うん、やらないと。伐ることも保育と考えれば、次の下刈り、除伐の仕事にもつながってくるので。やっていかないと組合自体が破産するような形になる。全国的に森林組合は破産寸前じゃない？

経営ができなくて。福島県は広葉樹林再生事業とかふくしま森林再生事業とかやってってからいいんですけど、全国的に森林組合は大変じゃないか。経営自体が大変。

手入れして良い山をつくる

――そもそもなぜ地ごしらえをするのですか？

植え付けや、下刈りをするために、（足元が）ガチャガチャだと転倒したりするので、安全にもつながるので、きれいにやったほうがいい。保育するのにも、ある程度簡単にできるので。

――見た目で所有者に安心してもらうということも必要なのですか？

そういうことではなくて。やっぱり仕事的に、そうやらないと、下刈りも能率が悪くなるし。すべてが保育につながっていくのかな。

芽かきは萌芽を五、六本にする、と本にはあるが、もう少し残す。一一年目の除伐で一、二割伐る。芽かき、除伐をするとサイクルが早く成長がいい。何回か回せば、余計に一度（シイタケ原木を）伐れる。

でも、芽かきも、木や伐り方によって萌芽が出なかったり、片側だけから出ていたり、若い木でも出なかったり。やってみないと分からない。

――組合は山の道づくりも熱心にやってきたそうですね。それはどうしてですか？

（前所長の）青木さんは、道を開けておけば、（個人で伐採し販売する）自伐の人も小さく稼ぎができる山になると言っていた。伐った木を軽トラに積んで一日一万とか小遣い稼ぎができるように、と。

——国有地の近くにも道をつくるのですか？

国有地は奥にあることが多いので、近くまであれば、地域の誰でも利用できる。昔、手で開けたような道はいい。勾配をうまく作っている。きつくない。牛か何かで作ったんだね。（場所の）選定もうまかった。最近、道づくりの講習会があると「〇〇式」とかやり方を教わるが、その土地に合った開け方をするのが一番いい。

渡辺さんは都路出身で、山には子どものころから親の山仕事について入っていた。二〇〇八年に森林組合で勤めを始めるまでは、建設会社で働いていた。図面が引けるから、と組合に誘われた。そんな経歴から、阿武隈の山になじんでいるし、冷静に組合のことも見ている。

前述のように、ある時、「どうしてこんなに、あくせくしなくちゃいけないのか」とぼやいたのを聞いた。春から秋は農業で、冬はもっぱら出稼ぎだったという父親の話をしていた時だ。ミカン採りや、東北新幹線建設……と「国道でつながってる所はほとんど出稼ぎで行ったな」という父親だったが、いまよりもっとゆとりがあった、と。

「親父とか、ゆっくり湯治にでも行くかな、と言っていたのに。いまはなんでこんなに容易じゃないか。経済が良くなって、車が良くないんじゃないかって。新幹線もあっけども、一番は車社会になったのが、お金も必要になるし働かなくちゃならない。車もなければ出かける必要はないし、地元でできる仕事をやる。木を伐ったりするんでないのかな。農業だって米、野菜、漬け物つくって一年食っていくんだから。糖尿病にもなんねえな。それが一番じゃないかな。おれら五〇代、高度成長で一番良くなってたもんね。東京が良くなってこっちも良くなってきたのかな」

組合では最近、山で作業した時期や内容を電子データとして残す仕事を若手らが手掛けている。伐採、保育、植え付け……見やすい作業の履歴情報があれば、組合が所有者に適切な時期に手入れなどを提案しやすい。所有者が代替わりしても、山の管理を次につなげていこうという取り組みだ。

それにとどまらず、本当は、次の担い手を育てたり、安全教育をしたり、組合としてもっとやりたいことはある。ただ震災と原発事故以降は、放射能汚染への対応という目の前の茫漠とした課題に追われて時が過ぎてきた。

都路では以前、シイタケ原木を生産するのに山のすべての木を一気に伐ってしまわずに、一〜二割くらい残したり、コナラ以外の広葉樹、たとえばトチやクリ、ケヤキ、サクラ、ウルシなどを植えたりして、いろいろな樹齢の木や樹種を増やす山づくりをしている原木林があった。前々所長の吉田昭一さんが始めた山づくりで、複層林化と呼ばれる。

「一ヘクタールの中に一〇〇年の木も八〇年の木もあるのが理想です。大木になれば朽ちて穴があき曲がりもする。そこに巣を作って、ある程度、昆虫も鳥も小動物もすめる。何世代かかけて、樹齢も樹種も多様な森をつくる。そこに販売用の木が常にあるという山です」と吉田さんは説明してくれた。シイタケ原木の生産性は落ちるが、さまざまな生き物がすめるし、大木は家具材に使えるかもしれない。ある程度の経済性と豊かな生態系の両面を備えた森林をつくろうと考えていた。

二〇一一年三月一一日は、そうやって手入れした原木林の山が、二酸化炭素（ＣＯ２）吸収源として公的な認定を得るための審査日だった。認定されれば企業がＣＯ２排出権として購入できるので、山の所有者の収入源になる。ただ、これも震災で頓挫してしまった。

こうした山づくりを、「考え方はたしかにいいな、と思っていた」と渡辺さんは言う。山に常に木があれば災害に強い山にもなるだろう。シイタケ原木の需要が減る中で、樹齢一〇〇年の大径木を育てれば、家具材など別の用途も生まれる。複層林化のための補助金もあった。

「でも、結果的に十数年が過ぎて、山を見て初めて分かるんですけども、やっぱり成育が遅れている。たとえば雑木の下にコナラを植えたとしても、ふつう二五年くらいで育つんだけど、それが三〇年とかかかりそう。どうしても日陰になるので、あまり良くない」

一〇〇年に一回、木が売れると言っても所有者に受け入れられるか、とも。

「税金払うのも大変で、山離れ、ほったらかしの人も出てきているのに。自分の山がどこにあるのかわかんないから、もう、このへん自分の山があんだけど、どこなのって。わかんねえ、そんなのって、もう代が替わると。ひところ別荘ブームで、転売していくと、引き継ぎのときに親はやってたけど俺は知らねえと。それほどの興味がないものになってきてるのかなと。この山は何はえてるのって言われてもわかんない。代替わりして、わかんないっていうのが大半じゃないか」

全国的に、国は二〇二四年から国民に年間一〇〇〇円の森林環境税を課すのに先立ち、森林環境譲与税を山の整備費用などに充てている。各地で手入れする山をまとめる作業を森林組合などが手掛けている。

「都路も調査したんだけども、どうやってもうまくいかねえよねって。林野庁のやること、よくわかんないよねって。たしかに、手つかずのところをやったほうがいいというのは分かるけれども、採算性のあるやり方でやってねと言われても、今までやってこなかったのに、できるわけない。都路に関してはね。これだけやってきたんだから、やってないというのはずっと山の奥のほうとか、手つかずのところだ。それ、できなかったからやってないんだよって。合ってないのかなとは思う」

山から人の気持ちが離れるのを、止められるだろうか。

「わかりません。意識改革。もっと魅力的なものにするっていうのが。お金も一つの魅力的なものですよね。あと、たまにテレビでやってますよね、百何十町歩とか山持ちで、自分の山だけを毎年三〇町歩ずつやって、ぐるぐる保育も自分で、というのはいいことだと思うんです。植え付けもやって、保育もして」

本当は、もう少し余裕があったら、シイタケ原木に替わる木の活用や山の管理、また生産性や効率、経済林にとどまらない人と山の付き合い方も探ったり提案したりすることだって、できるんじゃないか。

「五〇年後（の都路の山）に行って見てこれるならいいけど。俺の考えが全部間違ってるかもしれないし。違ってることが進んでいく。そういうことって結構あると思うんだよね」

二〇年後へ

二〇二一年、都路では、国と県の「広葉樹林再生事業」が始まった。シイタケ原木林の「再生」を目的として、今ある木々を皆伐して萌芽更新を促す。苗を植えて木も増やす。経費は国が持ち、県によると対象の作業は道開け、伐採、植栽、下刈り。芽かきや除伐などは造林補助事業を活用する。所有者の負担はない。木々を伐採すれば放射性物質は減るから、どれくらい減るのかを調べることも目的で、適宜伐採後に出た芽などの検査も伴う。これまで見通しが立たずに放置されていた多くの原木林にとっても、渡辺さんたち組合にとっても、新しい局面だ。

この年の一一月二九日、私は皆伐作業の現場を渡辺さんに案内してもらい見た。作業は主に組合が担い、下請けの民間事業者も入っている。伐採された木が、長さ一メートル八〇センチに切りそろえられて、樹種別に分けて作業道の脇にずらっと積んである。壁のような存在感だ。一番幹が太いのはモミ、ほかに広葉樹は「七、八種類かな」と渡辺さん。

つい二カ月近く前、一〇月初めにここを訪れた時は、原木林だった。コナラ、クヌギ、その間にサクラやアカマツ、モミなど茂っていた。でも、皆伐後のこの日に見た光景は、モミなどの大木以外すべて倒され、秋の広い空がすっかり見通せて、青空に雲の列が重なりあって浮かんでいる。

一日に二〇トン伐り出すという。伐採されたばかりの木の伐り口があちこちに白く見える。コナラでセシウムが一〇〇〜五四〇ベクレル／キロと、汚染された木々が取り払われて山は少しすっきりしたと言えるのかもしれない。二〇年後に向けて一歩を進めた期待もあるだろう。と同時に、放射能に対する無力感もわいてくる。今回伐った木は、シイタケ原木にも薪にも使えない。パルプチップに直行だ。私は正直、戸惑った。木々はせっかくここまで大きく育ったというのに。「東電の人も見に来ればいいのにね」と同行した写真家、本橋成一さん（八二）はチクリと言う。

伐採した木を一メートル八〇センチずつに切りわけて束ねるのは、グラップルソーという黄色い重機だ。つかむ（グラップル）＋伐る（ソー）から、その名がある。初めて聞いた。大きなシャベルのような先端部で伐り倒された木をつかむと、横から刃が出てきて、スパンスパンと次々に輪切りにし、今度はそれを五、六本束ねて九〇度回転させ、伐り口を地面にとんとんと当てながら、そろえてまとめる。まるで大きな手が作業しているみたいだ。

「手で作業したら、五倍は時間がかかる」と、重機を運転していた久保優司さん（五五）。シイタケ原木は、すべて手で運んでいたのだが。それでも、「できるだけ（地面に近い）下の方で伐るように言っている」と渡辺さんはシイタケ原木の伐り方を踏襲しているという。ただ「二〇年後に原木として使えるかどうかは誰にも分からない。誰もはっきり『使える』とは言わないものな」。

これから伸びていく木、新しく植えられる木々は、どう命をつないでいくだろう。

第四章——自然の恵みに気がついた

「山は自由だ」　元原木シイタケ農家　坪井哲蔵さん・英子さん

都路は、シイタケ原木の産地だったが、意外にその原木を使ったシイタケの生産者は少ない。原木は県外への出荷量が多く、地元では原木伐採の仕事をする人はたくさんいても、シイタケ栽培までを手掛けて出荷する人は少なかった。

原木シイタケ生産とは、どんな仕事だったんだろう。

樹皮に覆われた丸太から、にょっきりシイタケが顔を出す――。そんな様子は写真や愛らしいイラストで見たこともあったが、はて、どうやって育てるのか。そういえば私は知らない。

都路で原木シイタケ栽培に取り組んでいた数少ない生産者、坪井哲蔵さん（七一）と英子さん（六四）夫婦に教わろうと、二〇一九年一一月、自宅を訪ねた。二人にはその年の一月に取材で会って、二回目になる。最初に訪問したときに、原発事故により放射能に汚染されたほだ木はすべて廃棄処分してしまったと聞いていて、ほだ場が見られるのは写真の中でだけになっていた。伺った話が印象深く、また会いたいなあ、と思っていた。

原発事故の２年前にシイタケ菌を植えたばかりのほだ木だった（2012年4月、坪井哲蔵さん撮影）

自宅にたどり着くと、ちょうど前月の一〇月に来襲した台風一九号により裏山が崩れたのだという。流れ込んだ土砂に風呂場の壁を壊され、大工さんを入れて修繕中だった。大変な時に申し訳ないとこちらは少しひるんだが、二人は外に運び出した浴槽を何かに使えるかどうか思案している。「はあ、まあ命はあるからなあ」と英子さん。

家は原発から二〇キロ圏内に位置していてシイタケは今も出荷制限地域。二人は事故後、出荷用のシイタケは生産していないが、「一本一本、手でするの」と英子さんは目を輝かせて説明してくれた。聞いていると、本当にすべてが「手」から生み出されていた。

春、三月後半ころからコナラの原木にドリルで穴を開け、シイタケ菌を植える。このシイタケ菌を植えた原木を「ほだ木」と言う。

シイタケ菌は、ほだ木の樹皮の内側辺りに菌糸を伸ばす。時間をかけて、ほだ木全体に菌糸が行き渡ると、温度の変化や光などに刺激を受けて、シイタケが出てくる。

シイタケ菌は植えやすいように長さ二センチほどの小さな木片、「種駒」に加工されている。原木の穴あけも、種駒の植え付けも、大手の生産者は効率よく機械でやってしまうというが、二人は一つずつ、手でていねいに開け植え付ける。穴にぴったり種駒をはめ込むのが肝心で、種駒の頭が穴から出ていると先端が乾いて雑菌が入ってしまうので、だめなのだそうだ。

植菌したばかりのほだ木は初め、山の中に遮光ネットを張った下に置く。六月、入梅の時期になって白い菌糸がほだ木の木口に見えてきたら、遮光ネットの下に置いたままで井桁に組んで風を通し、静かにそっとしておく。普通なら菌を植えてからシイタケが出るまで一年半〜二年。ただ種菌によっては最短で、一二月には収穫できるシイタケもある。

一一月後半、霜が二、三回降りるころ、菌を植えた穴から芽が出たら、手押しの運搬車に乗せてハウスに移す。ハウスに移すのは最後の仕上げのためで、栽培の大半は露地で行う。暖房を入れずに低温のまま置いておくと、少しずつ少しずつシイタケが成長する。冬の寒さの中で、じっくりじっくり育つ。

仕上げにハウスに入れずに、露地に置いておくほだ木もある。より時間をかけて成長させ、傘が数センチになったら収穫する。

哲蔵さんと英子さんは、大きな「ジャンボシイタケ」を育てる工夫もしていた。育ちの良いシイタケを一〇〇〇個ほどよりすぐり、五〇〇円玉くらいの大きさになったところで一個ずつ手で袋がけをするのだ。適度な湿度と厳しい冬の寒さの中で「じゅくじゅくと」大きくなっていく。おもしろいなあと思うのは、冬場に凍ってもシイタケは生きているのだ。夜間に凍っても、日中の太陽の光で袋の中の温度が上がれば成長する。不思議だ。一個二〇〇〜三〇〇グラムになれば出荷する。ジャンボといっても傘は開いておらず、中身の詰まった塊のようだという。種菌メーカーの技術指導からヒントを得た栽培法で、お客さんから直に注文を受けて販売する、坪井さんの人気の名物シイタケだった。

ほぼ一年中、シイタケ作りの作業は続いた。「年中、山と行ったり来たり」

春には「春子」と呼ぶシイタケが次々にできるので、四月の後半から大型連休くらいまでは、夜遅くまで作業して、四台の乾燥機をフル稼働させて、主に乾燥シイタケにした。菌の植え付けも五月いっぱいまで続く。夏は夏用のシイタケがあり、前年に植え付けしてからゆっくりと菌糸を身に回したほだ木を、水に浸して刺激し、涼しいハウスに持ち込んで、シイタケを出す。それを九月いっぱいまで繰り返す。短期栽培や袋がけなども組み合わせ、シイタケがないのは、五月あたりの一カ月半くらいだった。

「朝早くから夜遅くまでやるわけだから、家族でできる範囲でやってきた。シイタケ作ってる分には、それなりの生活費も出てくるから」

扱っていたほだ木は常時、約一万三〇〇〇本。ほだ木を井桁に組むのも、運搬車で運ぶのも、水槽の水に浸すのも、すべて、すべて手作業だった。木は重い。重労働だ。でも、「好きで始めたから」と、大変だとは考えなかった、と言う。

「手ばっかり。手作業ばっかり」と英子さん。機械を導入している生産者もいるわけだから、英子さんが哲蔵さんに恨めしい気持ちを抱いてもおかしくないと推し量るが、英子さんは「大変は大変ですよ」と言いながら、「みんな自分たちでやったんだからね」と続ける。やっぱり誇らしいのだと思う。体力と相談しながら、いくつになっても続けられた仕事だ、と話す。

シイタケ作りのこつを聞くと、哲蔵さんは「大事なのは成長する場所と環境。風通しが悪い所で育成すると雑菌が入ってだめだし、収穫にはある程度暖かく、湿度もある場所を選定しないと」と答えた。

シイタケ菌が心地よく菌糸を伸ばす環境を整える。空気の流れや風の強さ、温度、湿度。もしかしたら、二人は手でほだ木に触れながら、樹皮や幹、シイタケ菌と手を通して、その声のようなものを聞きとっていたのかもしれない。

阿武隈の山は原木シイタケを育てるのに、いい環境だった。

様々な工夫もした。収穫作業が集中しないように、標高を変えて山の斜面の複数の場所を借りてほだ場をつくり、順々に収穫時期をずらした。風が強すぎれば周囲に防風ネットを張った。地元にはコナラの原木が潤沢にあったから、規格外の太い原木も安く手に入れて上手に栽培に使った。直径一〇センチほどの普通の原木は、ほだ木としての寿命は三～五年だが、直径一五センチの原木なら、扱いは難しいものの、その倍ほどもつという。
「本当に自然相手だったもん」と英子さん。山があって、自然に逆らわず、「木と自分の労働力があればできた」。

原発事故の後、原木シイタケを生産できなくなった二人は、福島県の担当者から、菌床栽培をしてはどうか、と勧められたという。放射能に汚染されていないおが粉の培地を使い、施設の中で温度や湿度を管理して栽培する菌床栽培ならば、できたシイタケを出荷できる、ということだ。生活を案じての提案だったのかもしれないが、「(原木栽培と菌床栽培は)全然違うものなのに。ごく簡単に考えてるんだな」と二人は受け止めた。
「空調だってなんだって、(菌床栽培は)エネルギーがいっぱいかかるんだよね。俺らは原木自然栽培だから。ほだ木だって、使い古せば風呂の薪に使ったし、カブトムシのエサにもなった。意外にローテーション回ってたの」

哲蔵さんは中学校を卒業したころにちょうど、東京五輪が開かれた。二〇歳くらいまでは、東京や神奈川で出稼ぎを経験した。下水工事の手掘りや地下鉄工事など、高度経済成長期で賃金は悪くなかったが、やっぱり自分で何かしようと、故郷の都路に戻ってシイタケの原木栽培を一から始めた。当初は一本五〇円と、地元で原木を安く調達できたのは利点で、それでも種菌を変えながら試行し失敗も重ねながら、徐々に軌道に乗せてきた。

都路出身の英子さんに、結婚前もシイタケを作っていたの？　と聞くと、「シイタケ？　ない、ない」と手を振り、哲蔵さんは「だんなに付いてきたみたいなもんだ」と笑う。二人の話は息がぴったり合って、いつまでも聞いていたくなる。あうんの呼吸は、山で作業していた時もそうだったのだろう。海の白波のように山の斜面に幾重にも連なるほど木に向かって、黙々と手を動かす二人がまぶたに浮かぶ。

一九六七年、隣の大熊町などで第一原発一号機の建設工事が本格的に始まり、それを皮切りに約二〇年間、次々と原発は建設された。関連する工事などで日当一万円以上と稼ぎのいい働き口もあったが、二人が行くことはなかった。

「人につかわれることはないし。山は自由だ」

原発事故は、そんな二人の山の時間を奪ってしまった。


二〇二一年一〇月、再び二人を訪ねると、原木シイタケの生産はとうに止めているのに、何かと原木シイタケを巡る話で二人は忙しそうだった。

一つは、国の「広葉樹林再生事業」がちょうど地元で始まり、報道機関の取材が続いたそうだ。事業は、原発事故後に手入れが滞っていたシイタケ原木林を皆伐し、二〇年後に向けて萌芽更新を進めつつ放射線量も調査していく。関心を持って大学の研究者も二人を訪ねてくる。他にも県が原木シイタケの栽培法「安心きのこ栽培マニュアル」を定めようと準備していて、それが放射能汚染を避けるために山の中に設備を設けることが必要な内容になっているという。「自然環境で栽培できることが、最高のシイタケを作ること」「山林の中の大規模栽培は困難」「資材費を誰が持つのか」などと、内容の見直しを求める周りの生産者とともに県に意見をまとめて伝えた。東電が、このマニュアルを生産者への賠償の目安にもしかねないことから、「できるものなら、わ(=おまえ)がまずやってみろ」と英子さんも少し強い口調になる。

秋の澄んだ高い空の下、哲蔵さんについて外に出て歩いてみた。自宅の裏のブルーベリーや野菜の畑を通り越し、英子さんが育てたリンドウや、名前はわからないが薄紫、黄、赤色の色とりどりのきれいな花を眺め、小さな水路をまたぐ。金網の扉があって、哲蔵さんが留め具を外して開けると、裏の山の道につながる。

ゆるやかに登ると、しばらくしてヒノキの木立が現れた。三五年生ほどという。てっぺん近くまですっきり枝打ちされて、光が差しこみ、足元には下草の緑がきれいに広がる。落とした枝が端にきちんと寄せて片付けられて、空気まで清らかな感じがする。ヒノキを植えたのも、手入れしているのも、すべて、哲蔵さんだ。

あ、っと思った。木立の中に、ほだ木が三〇本ほど、組んで置いてある。近くの原木でシイタケを作ったら、どれくらい放射線量が出るだろうか、と哲蔵さんが試しているのだという。初めて見た。ほだ木には一本ずつ、放射線量を記した紙が貼ってある。「814」「915」……指標値の五〇ベクレル／キロははるかに超えている。もちろん出荷用ではない。ほだ木にピンが差してあり、袋がけをするのに使うのだと言う。ジャンボシイタケも作っているのだ。

二〇一五年から始めて、最初にできたシイタケは六〇〇ベクレル／キロを超えていた。食品の基準値は一〇〇ベクレル／キロである。もう、最近は面倒になって測るのもやめている。「自分たちで食べちゃう」。なんともないよ、と苦笑し、でも「一〇〇年たたないと、木（原木）はだめだな」と悔しそうに顔をゆがめた。

心にそう留めながら、哲蔵さんも英子さんも手を止めない。哲蔵さんは、スギの林の枝打ちもナタでやった。原発が爆発した後、高濃度の放射能汚染が続いていた間は森林組合の作業員が山に入れず作業できなかったので、自分でやったと言う。英子さんも、リンドウの栽培と出荷を数年手掛けた。二人は山の仕事を止めない。なぜなら山に住んでいるから。そうやって生きてきたから。

「これが俺のすることなんだ」と、哲蔵さんは言った。

阿武隈の山は、シイタケ原木以外にも人の暮らしにいろいろな恵みをもたらしている。山のふところに人が抱かれて生活しているようだ。山と人のどんな関わりがあるのか、その人たちからどんな言葉が発せられるのか、訪ねて聞いてみよう。

「チェルノブイリに行ってみるか」　元原木シイタケ農家　宗像幹一郎さん

日本のシイタケ生産は近年、おが粉などを培地にし、温室内で温度や湿度を管理して生産する菌床栽培が中心だ。原木栽培は生シイタケの一割に満たない。原木栽培の生産者も激減している。一九七五年に一三万戸以上あった生シイタケの原木栽培生産者は、一九八五年には九万一〇〇〇戸、二〇〇一年に二万六〇〇〇戸、二〇一五年で約八〇〇〇戸に減っている。

一九九〇年代に安価な中国産シイタケの輸入が拡大したことが打撃になった。単価が半値に下げられるなどし、廃業が相次いだ。その後、中国産の作物が過剰な農薬をまいて生産されていたことが問題になるようになって、若干、日本の消費者に国産志向も芽生えたが、基本的に苦境が続く。農家が高齢化し、原木栽培は労力に見合わないと敬遠もされた。

ただ、菌床栽培のシイタケは大きさや形は改良されてきたが、原木栽培のシイタケの野生の風味には追いつかない。消費者に生産物を直接届けて顔の見える関係をつくるなど工夫して、生き抜いてきた原木シイタケ農家もいる。原発事故後の福島では、そうした生産者二〇人が「福島県原木椎茸被害者の会」をつくった。

「地域で一匹おおかみになっている生産者が多かった」と会の副代表、宗像幹一郎さん（六九）は言った。田村市船引町出身で、大学卒業後に農業試験場で勤め、二年間、ドイツで留学した経験もある。その後、地元に戻り、「百姓になる、と言ったら、周りから総スカンだった」。実家の田畑は母親が中心になって耕していたので、宗像さんは原木シイタケ栽培を始めた。二七歳のころだ。

「原木は隣の都路で無尽蔵に手に入った。阿武隈でも質のいい所。道路の脇に伐り出された原木が山のようになって、規格外の絶好の木も手に入る。これはいいなと思った」。原木シイタケは、家で自家用に栽培している人はいても、それで生計を立てている人はあまり周りにいなかった。

はじめは生産したシイタケをすべて農協に出荷していた。やがて、「自分でお客さまを見つけて販売しないといけないな」と思うようになった。値段が低迷していたのだ。バブル経済も崩壊していた。「体力的には厳しいし、もうかる仕事じゃないけれど。でも原木の心配をする必要はない。山にあるのだから」。阿武隈の山が頼りだった。

宗像さんは、地道にお客さんを増やしていった。一九九五年、福島国体開催に合わせて近くにサービスエリアができると、敷地内での販売許可を取得。商品にはイラストと名前を入れて売り込み、ほだ木を持ち込んでミニ収穫体験を子どもたちにしてもらったこともある。一度、「あの人の作ったシイタケはおいしい」と評価されれば、相当の失敗がない限り、お客さんは絶えない。やがてサービスエリアの売店でも、ちょっと知られたシイタケになり、一日の売り上げ目標を一〇万円にしたほどだ。「顔が、反応が見えるでしょ。すごい手応えが伝わってくる」。評判の良さに自信を持った。

「それが、ある日突然、ぱーんといっちゃったからさ」

船引町は原発から三〇キロ以上離れている。宗像さんは地震が起きた時は、山で原木の伐り出しを終えて軽トラで家に戻る途中だった。幸い、目に見える家の被害は物が散乱した程度だった。原発事故後も三日間ほど避難して、すぐ戻った。そのうち東北新幹線が那須駅まで復旧すると、翌月にお産を控えて里帰りしていた長女を住まいのある東京に戻そうと、付きそいの妻とともに、車で駅まで走り、見送った。

　壊滅したのは、シイタケだ。

「四月になったらシイタケは発生するし、出荷制限はかかってるし、販売はできないし。県にどうするんだと相談したら、宗像さん、これから賠償問題になるから、自分で資料を作ったほうがいいよ、と言われて」

　毎年、収穫を手伝ってもらう近所の人にもお願いをして、シイタケを採った。立派に育ったシイタケを、一個一個、手で摘んでいく。けれど採っては廃棄、廃棄の連続で、総量四トンにのぼった。その悔しさを想像すると、泣けてくる。

「これからどうなるのか分からなかった。でも、サービスエリアの様子を見に行ったら、自衛隊の前線基地になっていた。ああ、大変なんだな、と」

　翌年の春、出荷制限の解除に伴い、原木一万本にシイタケ菌を植菌した。質の良さと豊富さで長年頼りにしていた隣町の都路産の原木だったが、放射線量が高いために使えず、他産地の原木を使った。ところがその後、放射線量の指標値が厳しく変更され、その原木も廃棄せざるを得なかった。

　被害者の会は、東電と賠償問題を交渉する窓口になっている。「でも、黙って賠償だけ受けていればいいのか」。事故から二年目が過ぎたころから、何か行動を起こさなければと宗像さんは思うようになった。阿武隈の里山が崩壊している。いつになったら戻るのか。現状を多くの人に知ってほしい。

「チェルノブイリでも行ってみるか」と宗像さんはシイタケ仲間に呼び掛けた。

俺らの里山はこれからどうなるのだろう。

「チェルノブイリに行って山を見れば、将来を予測できるんじゃないか」と、宗像さんら福島県で原木シイタケを生産していた農家ら九人は、原発事故から二年後の二〇一三年秋、チェルノブイリ原発のあるウクライナ、放射能汚染の広がったベラルーシ、ドイツへ一一日間の視察を決行した。

宗像さんにとって原発は、事故が起こるまでは「いいも悪いも、当たり前で空気みたいな中にいた」。事故で爆発して初めて、その存在に気付いた。「チェルノブイリに行けば答えがあるはずだ」と、視察を提案した宗像さんは思った。

来訪当時で二七年前の一九八六年四月、旧ソ連時代にチェルノブイリ原発四号炉は爆発した。国際原子力機関（ＩＡＥＡ）などが策定した国際原子力事象評価尺度で最も深刻な事故である「レベル７」に分類され、一三万五〇〇〇人が避難した。大量の放射性物質が風にのって拡散し、その七〇％が降下したというベラルーシの森林で、樹木やキノコなどを調査してきた「ベラルーシ森林研究所」を、九人は訪ねた。苗木の改良など森林保護のために一九三〇年に設立された研究機関だが、事故後は、森林の汚染状況の把握から管理まで放射能対策を担っていた。

九人は、通訳を介し、熱心に質問を重ねた。

「ベクレルの数値はどう変わっていますか」「事故後に植えた木のベクレル値はどうなっていますす

か」……。

ブルコ・ニコライ・イワノフ主任研究員ら三人の研究者が、質問に答える。

「ベクレルは三〇%くらい下がりました。でもプルトニウムに汚染された地域が問題になっています」「木は植えてある状況によって変わりますが、汚染区域の老樹は幹の中で汚染度が高くなる傾向があります」

森林にとどまっている放射性物質が飛散しないよう、森林火災の予防に余念がないと説明を受けた。汚染された野生のキノコを食べないよう、人工栽培の研究もなされていた。事故から二七年たっても、とるべき対策は尽きない。被災した土地は、かつての面影が消えうせて、人家は朽ちて、野原に戻っていた。広場に、爆発で消えた村の名前が記されたプラカードが、ずらっと並んで立てられていたのが、宗像さんは忘れられない。

帰国後、宗像さんたちは郡山市や、知り合いのいた札幌市などで報告会を開いた。報道もされた。里山の現状を伝えるという目的の一つを果たしたと感じた。

ただ最近、何をどう発信したらいいのか、悩んでしまうという。

「若い後継者がいればアイデアも出るだろうが。それに、都会の人は、もう空間放射線量が下がってるから元に戻っているでしょ、と言う。山はだめなんだということまでは知らない」

地元でも、出荷が再開した野菜や米の農家らとは、事故のことも話題に出なくなった。

「里山が奪われて、我々の生活が奪われた。この現実をこれからどう発信するか。どうしていくのか」

二〇二一年一二月、宗像さんの自宅を再び訪ねた。快晴の日で、家の周りを案内してくれる。昔は庄屋だったという家は木々に囲まれている。クリなど植木の並んだ庭を通って小道を進んでいく。車道沿いに、大人が三人がかりで囲えるくらいだろうか、スギの大木が一本、天に向かってそびえていて、つい見上げる。木肌は厚く、波打ち、無言の迫力がある。「二〇〇年たってる」と宗像さん。そのまま進み隣地に着くと、ほだ場だった。

「シイタケには程よく湿気も日差しも必要。両方をてんびんにかけて、ほだ場にいい場所を定めるんだ」。その適地が家のすぐ横にあるのだから、これほど恵まれていることはない。

ただ、もう使われてはいない。地面に連なるほだ木に、枯れたスギの葉や笹の葉がふりつもっている。最後に菌を植えたのは二〇一八年という。やはり出荷はできなかった。

「事故から一一年目になるが、自然からすれば、まばたき（の間）にもならない。都路で木を伐って新しい山にするというが、二〇年かかる。俺はもういないよ。でもたかだか二〇年、三〇年、ちっぽけだ。山や自然にとって一〇年なんて」

スギの葉の下から、ぎゅっと丸まったシイタケがのぞいている。一つ見え出すと、ああ、あそこにも、ここにもある。菌は木の栄養を吸収して生きて成長している。いとおしくなる。けれど。

「一〇〇年過ぎたって、山はどうなっているか……」

「自然をおそれないのは、いけないいな」　ナツハゼジャム作り　渡辺ミヨ子さん

ナツハゼ、という木と実を都路で初めて見知った。

秋に、ブルーベリーのような大きさの実をびっしりと付け、枝々がしなる。鈴なり、とはこういう姿をいうのだろう。黒いほどの紫、というのか紺というのか、周りのものを吸い取ってしまったような濃い実の色が目に焼き付く。

この木を育て、収穫した実でジャムを作っている女性がいる。都路生まれの渡辺ミヨ子さん（七八）。

二〇一九年一一月、その工房を訪ねた。山の中腹にあって周りに民家はまばらだ。雨が上がり辺りが湿気で煙って、しんと静けさに包まれている。

工房の炊事場で、大きな鍋を火にかけジャムを煮る渡辺さんは、まっすぐの髪をあごの線で切りそろえている。話をすると口元に笑みが浮かぶ。細いけれど少し高めの声がかわいらしくて、どこか少女のようである。

「最初は、ウメ畑の周りに植えたの」

ナツハゼの栽培を始めたきっかけを尋ねると、こう教えてくれた。

一九八〇年代後半、市町村に一億円を交付した竹下登政権のふるさと創生事業で、当時の都路村は「梅の里づくり」を手掛けた。ウメの木の植樹を奨励したのだ。酪農や米づくりなど、農業を家族で営んできた渡辺さんも、その事業の一環でウメの苗を九〇本植えて、ウメ畑をおこした。事業というだけならそれだけで良かったのだが、渡辺さんはその周りに、山から掘ってきたナツハゼの

ナツハゼの木と渡辺ミヨ子さん（著者撮影）

木も一五〇本、植えた。

「ウメは三年に一回くらい、霜でだめになった。ナツハゼは六月に花が咲くから霜に当たらない。これを作ればいいのにと思った」

少女は山の知恵者だった。ナツハゼは枯れもせずよく育った。花が咲くと、ミツバチが蜜を吸いにやってきて、少々の雨が降ったくらいでは離れない。暗くなってもしがみついている。すごいな、と少女は見つめた。実がつくと、ブルーベリーのような外見だった。農業普及所で教わりジャムを作った。粉末に加工したこともある。

「色がきれいな実で、小さい時から食べていた。実家も都路で、六人きょうだいで毎日腹が減っていた。親は大切に育ててくれたが、ふだんはほったらかしだったから、山でいろんな木の実を食べた。ナツハゼは秋から正月過ぎてもなっている。山にごちそうがあった」

食い物のない子どものために用意してくれたんでねえかな、神様は、と、少女は大人の顔になって言った。

子どものころは体が弱かったという渡辺さん。「おしゅうとめさんから、うちの嫁は『よあかし』だから百姓はできねえ、と言われた」と思い出して笑いながら話す。よあかしとは、体の弱い人を少し見下げて言う言葉だ。聞いているこちらのほうがどきりとするのだが、本人はいたって楽しげだ。鍛えられたのだろうな。でも、だからこそ、渡辺さんは農薬や化学的なものは遠ざけて、有機農業をやろうと工夫した。田畑に化学肥料は使わず、こつこつ堆肥を運び入れて土を良くしていった。

春の野に鳥の鳴き声がしなくなったと、農薬の害に警鐘を鳴らしたレイチェル・カーソンの『沈黙の春』を読んで、自分はおかしくない、おかしいのはそっち（周り）じゃないか、と確信した。世の中でそうした取り組みへの理解がそれほどなかったころのことだ。

「自然は人間にやさしくしてくれている。逆らってはいけないな」

原発事故の後、渡辺さんはジャム作りをやめていた。再開したのは事故から五、六年たってからだ。地域興しに生かしたいという地元の若手グループに勧められてのことだった。ポリフェノールを豊富に含むナツハゼの実は、中山間地の特産にしようと各地で注目されるようになってもいた。

「健康にいいものだから、放射能に負けないように体に効いてほしいと思ったの。でも本当は不本意。ここは汚染された土地だから」

ジャムを検査しても放射性物質は「ND」(不検出)なので、問題はない。直売所でも販売している。でも、渡辺さんには晴れない気持ちがずっとある。こつこつ養分を入れてきた土が、一気に放射能に汚染されてしまったのだ。事故後一年間ほどは「泣けてしょうがなかった」。

事故までは原発は安全だと聞かされて信じていたが、それも一八〇度、ひっくり返った。

「『放射能は自然界にもあるから大丈夫』と言う専門家に腹が立つ。生きものは自然を受け入れるしかしょうがないのに、人間が勝手に金もうけで原発を造っておきながら、そう言うのは傲慢《ごうまん》ではないか」

渡辺さんのジャム工房は平屋建ての建物で、炊事場に、わき水が引き込んである。

「わき水が私は大好き。のどをうるおしてくれる大事な水も、津波や大雨になると被害をもたらす。経済で豊かになるということも同じで、いいあんばいの経済はいいが、原発まで造って金もうけをするのは、害をこうむる人もいるのに、だめなのではないか。多すぎるとこうなるのだと天が教えてくれている。お金もうけに味をしめて原発をやめられないのは狂っている」

原発事故の後、渡辺さんは都路の隣の船引町に家を建てて、そこに家族と引っ越した。それまでは工房の横に自宅があった。一緒に住む孫の健康を守りたいから、というのが引っ越しの理由だ。

はじめは福島県外に住むことまで考えた。都路は事故直後、警戒区域と緊急時避難準備区域に指定されたが、二〇一四年にすべて解除された。住むのに放射線量で問題はない。だが渡辺さんは、孫のために少しでも線量の低い場所に住みたい、と考える。

そして、ナツハゼの手入れに夫と二人で都路に通ってくるようになった。

「ここは、裏の山にキノコも山菜もたくさんできます。みんな直売所に出してにぎわっていた。マツタケも出ましたよ。今は採らないし、直売所も成り立ちません。家の戸を開けて一歩出れば、フキノトウもウドも採れた。今はできない。測らないと食べられないし、測ったところで本当に安心して食べられるかどうか」

ナツハゼは木によって一本一本、実の味が違う。人工栽培ではなく自然の木だからである。酸味が強かったり渋味があったり。その中で、なめらかなおいしいジャムができる実の木を選んで、渡辺さんはこれから増やしていきたいという。極力自然に逆らわず、無理のないように。

「自然をあんまりおそれないのは、いけないないな」

二〇二一年一〇月、工房を再訪した。渡辺さんは変わらず、ナツハゼの実でジャムを作っている。少女のようにかわいらしい少し高めの声も相変わらずだ。元気そうで安心する。ナツハゼは今年も実った。近くの川べりを散歩しながら、「はい」と緑色の木の実を手渡され、食べてみると香りが良く、とてもおいしい。サルナシの実だという。

工房横の元の自宅で、こたつに入りながら話を聞く。

「昔は空の高いところを、ふわあっと一面にトンボが舞っていたのに、最近はいない。ウグイスも鳴くのがへたになった。セミも元気がない」。平成二三年(二〇一一年)の前には戻りません、と言う。問わず語り。これも二年前と変わらないなあ。そんなことを思いつつ、話に引き込まれ、時が過ぎてお暇し、玄関を出て外に出ると、シオカラトンボに赤トンボ……、秋の空にトンボは舞っていた。けれど、渡辺さんにとっては、虫や鳥、周りの生きものは、すっかりなりをひそめてしまっている。渡辺さんには、そう見えている。

ナツハゼの実の濃い紫色はぱっと見たところ黒に近いが、やはりどうやっても黒とは違う。実を口に入れると、甘みの少ない野生の味がした。

「生きものは、ぶん投げられない」　牛農家　松本文子さん

牛舎が、山の斜面で深々とした木々に包まれるように立っている。

「こっちの山の草がなくなると、そっちの山に移動して。年中、夜昼関係なく、放していた」

都路で、松本文子さん(六八)はかつて自宅周りの山々に牛を放牧して飼っていたころを、そう語った。

「朝晩、えさくれるときに、べえべえなんて呼ぶと来る。そのときに異常がないかどうかも確認できる」

多いときで二〇頭ほど。最近でこそ一〇〇頭近くと大規模に飼う農家が都路にも出てきたが、一九八〇年代後半に松本さんが始めたころは、地域でも出荷数の多い繁殖農家だった。「子とり」といって、競りで仕入れた雌牛を飼い、人工授精でお産させ、生まれた子牛を八カ月ほど育てて出荷する。その間、約三年。

「いろんな牛がいっから。乳飲ませない親もいるし。そういうときは、わ（我）がミルク飲ませたりして育てるしかない」

そうするうちに愛情もわいてきて、と。

二〇一九年一一月末、松本さんに案内されて一緒に牛舎に入ると、とたんに真っ黒い子牛が目をきらきらさせて松本さんにじゃれついてきた。甘えているみたいだ。「だんなは文句言うが、牛は文句言わないから」と照れながらの破顔一笑だった。

都路出身で、二〇代で結婚したころは会社勤めをしていた松本さん。夫は市役所勤め。子どもが産まれてから、家でできる仕事にしようと、一緒に暮らしていたおしゅうとさんたちの勧めもあって最初は豚を飼った。でも結構手間がかかって、豚のお産の時期などは寝る暇もなくなった。牛のほうがいいべ、ということになり、牛たて（牛飼い）を手掛けた。放牧は、そのころ国が呼びかけた里山事業で始めたという。

「牛を放牧できるようになって、親牛の足腰が強いねって、よく言われていた。品評会に出すと、

牛の飼料の自給にも取り組み始めた松本文子さん（著者撮影）

いい点数をもらっていた。今は人間だって運動しろって言われるばい。牛だっておんなじばい。発情がはっきりするから繁殖力もいい。自由に動いて体が日光に当たって、やっぱり違うばい。農繁期の忙しい時に放しとかれるのも楽だった。ちょっと余計に飼えた」

牛も終日、自分のペースで山を歩いていたわけだから、心地よく過ごしていたことだろう。ストレスフリー。近年、ヨーロッパから導入の波が来た「アニマルウェルフェア」、つまり動物にとっての快適さを損ねない飼育をする考えにも合っている。

牛は多少の傾斜はものともしない。気が向いた時に草を食べ、もしかしたら、たくさんある草の中から好物の草だって見つけていたかもしれない。そう考えると楽しい。

ふんもするから、紛れた草の種が具合良く運ばれていたかもしれない。

放牧といえば、二〇〇六年、山口県柳井市の中山間地を取材したことがある。農家が高齢化する中で、耕作放棄地などの草刈りに牛を放している現場だった。専用の牛を県が用意していて、柳井市の場合、農家は一頭一日五〇〇円で借りられた。その名も「レンタカウ」。

借りた農家は「なんぼ草があってもきれいに食べてしまいます」と畑を見せてくれた。わしわしわし……牛が草をはむ音が標高二〇〇メートルの静かな山村に響いた。何よりも、見ているこちらの気持ちがのんびりして和んだ。市の担当者がうれしそうに言っていたのを覚えている。「山間地だけじゃなくて、子どもたちの目に触れる場所にも広げたいんです。牛を見るのって、いいでしょう。子どもたちに見せたいなあ」

松本さんにとっても、飼っている牛にとっても、放牧はいいことずくめだった。ピンチは十数年前に起きた、牛舎の火災。年末の夕方で、市役所勤めの夫は忘年会に出かけて留守。近所に住む娘と一緒に牛を外に出して全頭守り切った。

「でも原発は……。せっかくこれほどの山の中さいて、放射能で牛も放されなくなった」

原発事故が起きたとき、松本さんは要請を受けて、毛布の配布や炊き出しのボランティアをしていた。大熊町など原発周辺から避難者が続々とやってきていたのだ。ガソリンが手に入らなくなって、家にあった作業トラック用の買い置きを費やした。でも、夜になったら、自分たちも避難者になった。「サイレンが鳴って、とにかく町で連絡があるまで集会所に集まれとなった」。バスも出ていたが、松本さんは自分の車で避難した。一日くらいのことかと思っていたのが、長男のいる郡山市に一週間、その後、隣の船引町で避難所になった企業の建物や小学校に四月末まで過ごすことになった。

その間毎日、牛に水やえさをやるために牛舎に通った。朝三時半に避難所を出て、車で三、四〇分。朝六時ころ朝食の準備前には戻った。

避難所を出発するときは、こっそり抜け出した。

「『避難所から行ってはなんね、そっちさ行ってくると（放射能が）うつるから』って言われて。そこさ行って来た者は、着たものは脱いで、という話だから。えー、そういう扱い？と。隠れて来ていた。目に見えねえからわかんねえもんな。今になってみれば、そんな、人にうつるもんではない（避難先の都市で）子どもたちが、うつると言われた気持ちは、私は自分で味わった。ものを知らないということは、ひどいもんだな。原発を造るときに、そういうもんだということを言われていれば、そんなに騒がなくても」

毎日牛舎に通って、水は牛が自分で飲みやすいように、えさは乾燥した草をいっぱい置いてきた。でも、一日一回がやっと。事故前に二回やっていた時のようには行き届かなかった。

「親牛は食ってはいた。持ちこたえた。でも、子牛は育たないし、結構亡くなった。お産しても、乳飲んでるかも確認できねえばい」

事故の後、原発から二〇キロ圏内の牛は殺処分することになった。松本さんの牛舎は、圏外だ。でも、よもやここの牛もそんな目に遭うまいな、と気が気でなかった。「あのころ民主党の玄葉（光一郎）さんが視察に来て。（殺処分なんて）そんなことはできねえから。そんな決断してはなんねえと言っちゃって」。なんとしても牛たちを守るしかないと、毎朝、暗い中をこっそり出て車で牛舎まで走ったのだ。必死だった。

避難所にいると、食事の支度などいろんなボランティアをすることになった。社会福祉協議会から頼まれて、傾聴ボランティアもやった。

「大熊や富岡から来た人たちがいるばい。ようやく来た、と。牛たて（牛飼い）している話をしたら、うちにも牛飼ってたっていうばあちゃんがいた。『あんたら避難してんの』『そうなんです』『避難してこういうことじゃ、大変だなあ』って言う。牛はいるし、片や津波だ、原発だ、と被害から逃げてきてるわけだから。流された、とかいろんな話を聞いて。やっぱしね、生きものがいるということは、ぶん投げられない」

集落に、牛を一、二頭飼っていた家は二〇軒近くあったが、事故後は大半がやめて、今は松本さん含め二軒。山は除染していないから放牧の許可も出ておらず、牛舎の中で飼育をしている。頭数は一二頭に減らした。

「原発がねかったら山さ放したりすれば、もっと牛も多くできんだけども、やっぱり家（牛舎）の中で飼うとなると、なかなか」

山に放たれて自由に動くことができなくなった牛を、昼間は松本さんが牛舎から外に連れ出して日光浴させ、運動もさせている。山の草も食べさせられないから、除染した畑に牧草を生やしたり、減反して空いた田に稲の種をまいて「ホールクロップサイレージ」という発酵飼料にしたりと飼料の自給にも取り組み始めた。

「あれ、丸っこいのがあるでしょう。牛のえさです。稲をああいう形に丸めて、それを食べさせる」

牧草飼料は、半分を東電が購入する外国産でまかなっている。賠償としてだが、それもいつ止められるかわからない。牧草を乾燥させる機械は持っているし、地元には牛飼いが共同で設立した発酵飼料作りの会社ができた。夫が市役所を退職して一緒に作業できるようになり、それを機に経営を見直したという。

ただ、手始めだったこの年、ちょうど牧草飼料用の稲の芽が出たころに、一〇月の台風一九号で近くの山が崩れた。田んぼは水路に泥が流れ込んで埋まり、土手が流され、土砂の下敷きになってしまった。でも、根気よく片付け、その後も栽培を続けていた。二年後、二〇二一年一二月に再訪した時には、「都路産牧草」の白い包みが牛舎にあった。包みは成牛一頭で、だいたい一カ月分。松本さんがピリッと破いて、中を見せてくれた。穀物の香ばしいようなにおいがした。

「牛が放されれば一番、いいんだけどね。本当によその人にはわかんないわね。でも、ここに住んでる者には大変なことなの」。牛に田のあぜの草を食べさせていたのが、事故後はできなくなったと人が話すのも聞いた。

松本さんは、二〇一一年秋には検査を経て子牛の出荷を再開し、県内の牛飼いの女性グループで役員を務め、農協女性部では漬物作りの加工場探しに奔走する。「人の世話ばっかりしてって笑うんだ」。はつらつとしてとても活動的だ。原発のこと、どう思っているだろう。

「原発は事故があって認識が始まったけども、今考えれば、もとからそういう中に住んでいた。ヤマセって風が浜から吹くから、原発の調子の悪い時なんか、（放射性物質が）飛んでくるのは目に見えていただわね。（事故は）たまたまヤマセの時期じゃなかったから、飯舘とかあっちに被害が出たが、五、六月だったら完全にこっちはだめだったべな」

「空気も水も境はない」　カジカ放流　吉田幸弘さん

目玉がぎょろり、愛嬌たっぷりな姿の魚、カジカはとびきりの清流にすむ。

都路で九〇年続く「みや古《こ》旅館」の三代目主《あるじ》、吉田幸弘さん（六三）は、子どものころ遊んだ高瀬川のことを、こう話す。高瀬川は、源流が都路にある川だ。

「バイカモっていう水草があって、その中にカジカやカラスガイがすんでいた。夏場になると水中めがねをかけて、カジカを突いて捕って。夏の風物詩だな」

川のそう深くないところで、石と石の間にいて、子どもは海水パンツ姿でくつをはいて、水中めがねでのぞきながら、石をひょいとどかせてつかまえる。ムツゴロウによく似ているというカジカは、だが、残念なことに都路の川では一九七〇年代後半ごろ、姿を消してしまった。農薬のせいだという。あの、魚を突く体験を子どもたちにもさせてやりたい。そう思った吉田さんは、仲間と一緒に二〇〇五年から四回、稚魚や成魚を放流した。

「同じ種類のカジカが新潟とか山形とかのきれいな山のほうにいるんです。調べたら、新潟県の魚野《うおの》川で漁協が養殖をしていたので、そこで稚魚を仕入れて放流しました」

最初の三年間は、毎年夏に稚魚を三〇〇〇匹ほど。それから三年空けて、四回目は成魚を一〇〇匹。魚野川の漁協の人に協力してもらいながら、川の変化を見つめた。

「梅雨時期前か、川に行って調べて。そうしたら、こんな小さなカジカがいた。放流した稚魚が大きくなって産卵して、自然のサイクルができてきたなと思った」

都路は山がなだらかで人に近しいのと同じように、川も道路脇にあって険しさがない。イワナやヤマメを目当てに関東方面からも釣り客が訪れた。四月一日の釣り解禁日などは特に多かった。カジカの放流をした時期は、ちょうど川の環境に住民の関心が高まっていたころだった。地元の商工会の女性部は、川の水の浄化の働きをするというEM菌をまくなどの活動を進めていた。高瀬川漁協の釣りの仲間も、「川を守る会」をつくり、バイカモを川に移植し根付かせていた。バイカモは青い草で、冬でもユラユラたゆたうのが上から見える。夏になると水中で白い花を咲かせる。かわいい花で、バイカモの漢字は「梅花藻」。これが根付いていたというのだから、立派にきれいな川の証しだ。

「それが原発事故で（魚が）出荷制限になってしまって。子どもたちにカジカ捕りさせたかったのに」

原発事故後、放流も釣りもできなくなってしまった。魚の放射能汚染の調査で町に来た研究機関の人が「カジカ、見たよ」と言うから、きっと育っているはずなのに。「放流しても食べられないし、セシウムのある魚にするのはかわいそうだし。中途半端だな」。ぶぜんとした表情で吉田さんは話した。


みや古旅館を訪ねたのは二〇一九年一一月。旅館に併設した割烹には囲炉裏を切ってあり、周りをぐるりと厚い木製のテーブルが囲う。お客さんが座ったら、お互いの顔を見渡せるほどよい距離感で、私もそこに座りながら、話を聞いた。聞きながら、自然とくつろいできて、つい一杯いただきたくなる。ここで飲んで、食べて。「いつの間にかお客さん同士がうち解けて談笑したり」。それを見るのも吉田さんの楽しみで、大切にしている囲炉裏だ。

季節になれば、マツタケを焼くのが自慢。なんといっても、吉田さんが辺りの山で採ってきたマツタケだった。囲炉裏で焼いて、土瓶蒸しで、炊き込みご飯にして……。「ここで炭で焼くと違う。汗かいてきたときに、塩をパラパラって振って、かぼすをかけて。ぜいたくのきわみだ」。マツタケ以外にも、地のキノコの塩漬けにしておいたのを塩抜きして料理に使っていた。そう、原発事故前までは。

「しょぼくれてんだ、俺は。山のものはだめ、川のものもだめ。山の恵み、川の恵みが全然だめなんで」

東日本大震災がおきた三月は、ちょうど会社の人事異動時期にあたり送別会などで旅館の忙しい最中だった。一一日、大きく揺れた後も慌ただしかった。旅館は国道三九九号に面している。大熊、双葉……津波の被災地から続々と逃げてきた車が押し寄せ、目の前を通っていく。不幸中の幸いで、東北電力の水力発電所が近くにあるので電源はすぐに回復し、旅館は暖房のきく部屋も用意できた。避難途中の赤ちゃんづれのお母さんやお年寄りらに、中に入って休んでもらった。近所の人たちとおにぎりをにぎって、近くのガソリンスタンドに持って行って、ずらっと列をなしていた車の人たちに配ってもらった。「でも次の日、(原発が)どかんとなったら、ここも避難」

避難所にいる間は食事の段取りに専心した。一五〇〇人分、二〇〇〇人分と、大量の食事づくりは結構な大仕事。そんな張り詰めた時間にひと息入れていた休憩中、食事係だった若い自衛隊員から「吉田さん、キャベツの千切り、勝負してもらえませんか」と言われて競ったこともあった。その隊員とは今もつきあいがあるという。

五月の大型連休過ぎに旅館の隣の自宅に戻り、一五日には営業も再開。夜になると、真っ暗な中にポツンと旅館の明かりが灯った。お客は誰もいなかった。来るのは夜間の見回りをしていた福岡や島根県警の警察官。ここでも友だちになった。

六月に入って、旅館の外側に手書きの垂れ幕を掲げた。建物の二階から地面までの長〜い垂れ幕。「双葉　大熊　富岡　町民の皆様ご苦労様です　共にガンバリましょう」「川内　都路　何があっても隣同士」「笑顔を見ると元気が出る　元気になると勇気がわく　負けらんに！」――。大熊や双葉方面に一時帰宅するためにバスで通る人たちによく見えるように。高校時代の同級生たちに向けるつもりで書いたメッセージだった。

こんなふうに、吉田さんは気持ちが熱い。人の気持ちを大事にして、励ましたりねぎらったりするのを欠かさない。それが台風の目のように求心力になって、人と人をつなぐ。

血気盛んな若い頃は、シイタケ原木生産で活気づいていた林業者にくってかかったこともある。「木を伐りすぎるから川の水が少なくなるんだ」。すると「おまえら、魚釣りは道楽だべって返されて……」と、お互い本音で言い合ってきた。

「でも原発事故後、都路はなんだか溝ができてしまったな。（原発から）二〇キロと、三〇キロで」

原因は、東京電力による賠償額の差だ。割烹の囲炉裏を囲んでいても、酔っぱらった客の住民同士、「おめえ、なんぼもらった」という話になる。飲む度にそんな話になったら、もう一緒に飲むのがいやになる。言ったほうもしまった、と思っているのが分かる。そういう住民の間にできた気持ちの溝を、ひしひしと感じた。

吉田さんは事故から四年後、地元の男性を五〇人ほど集めて祭りをやった。妻や子に感謝しようという企画だった。

「このへんの男は口下手だから。ありがとうとか愛してるとか、お母ちゃんに言えないんだ。行動で示すべって、段取りからすべて男だけでやったんだ」

国のつながり支援事業の一〇〇万円を活用して、牛肉食べ放題からカラオケ大会までやって家族を招待し、大にぎわいだった。そして祭りの準備をしながら話をしたのだ。「二〇キロ、三〇キロっていうの、無くすべって。男は言っちゃだめなって」

祭りは翌年から商工祭として年一度、新型コロナウイルスの感染が広がるまでは継続してきた。次は、隣の川内、葛尾両村とも連携して食でつながる祭りをできたらと、案を練る。自治体によって原発事故後の変化や立ち直りに違いはあり、だからこそ、昔から人の行き来のある阿武隈の町村同士、一緒にやりたいのだと言う。

「お金は難しいなあ。お金で原発に走って、事故が起きて、お金で分断されてしまう。空気も水も境はないのに。お金は人間をばかにするのかもしれないな」

ちょうど、東京五輪の開催が決定していた二〇一九年。「外国人はフクシマ（の事故）と言う。トウキョウとは言わない。国の策略だ。日本のことじゃない、ある地域のことだ、と。それは汚い。東京電力が商売でやってたんでしょ」

囲炉裏の横に、かつてカジカの放流を知らせた紙が貼られている。カジカのぎょろりとした目玉を思い出す。今ごろ水の中から人間のことを、あきれて見ているかもしれない。

第五章――取り戻した山

合子集落の共有林

時代が変わっても山を守っていく、とはどういうことなんだろう。そんなことを考えさせる集落が、都路にはある。

それは合子《ごうし》という集落で、都路の東部、標高約五五〇メートルにあって、二一世帯が住む。ぽつん、ぽつんと山の中に家が点在する。都路の他の集落同様、合子も、主に一九六〇年代までの炭焼きの時代を経て、米づくりや野菜づくり、養蚕、タバコの栽培、パルプ用の木の伐採、シイタケ原木の生産と、半農半林で暮らしてきた人が多かった集落だ。出稼ぎや、一九六七年に始まった原発の建設工事・運転に関わる仕事をしていた人もいる。

「まとまりがいいんだよね」と、都路で会った人たちは、この合子集落のことを話した。住んでいる人たちのまとまりのことだ。まとまりの核になっているのが、山。すなわち地域の共有林だという。

共有林とは、地域の人たちがみんなで所有・利用し、管理している山のことだ。昔話で言えば「おじいさんが山へ柴刈りに……」と出てくるような、薪や落ち葉、キノコや山菜類などをその集落の誰もが採りに入ることができた山、というとイメージしやすいだろうか。固定資産税も皆で払う。合子の共有林は、全員が合子に住んでいるわけではないが地主が二四人いて、広さは約四〇〇ヘクタールある。

合子の共有林を地元の人に案内してもらえる機会があり、私も参加した。二〇二一年七月の暑い日だった。このころ私は、「あぶくま山の暮らし研究所（ＡＳＬＩ）」という都路の団体の活動にオブザーバーとして加わっていた。二〇二〇年初めにシイタケ原木や都路に関する記事を新聞に連載したことが縁になって、関わるようになった。この団体は、地元内外の林業関係者や研究者らが、都路のこれからの暮らしや阿武隈の山のこれからを考えようと集まって二〇二〇年に立ち上げた。そうしたテーマは、それまで都路の森林組合が中心になって取り組んできた。その活動を引き継いで、阿武隈の山の暮らしをもっと知ろうと、山に関わる人たちにＡＳＬＩのメンバーは聞き取りをしていた。そこに、私も同行したのだ。

案内してくれるのは、「合子共有地地主会」の役員、坪井正弥さん（七七）、坪井幸一さん（七二）、坪井哲蔵さん（七二）の三人。坪井さんは合子に多い名字だが、三人は親戚ではないそうだ。代表を務める正弥さんが最初にあいさつをする。「これから、この共有林の維持、管理、存続をどのようにしたらいいか思いあぐねている。いい提案があれば考えていきたい」

特徴のある三カ所を役員のみなさんが選んでくれて、車で移動しながら順番に回った。私は情けないことに、日ごろは山を見ても、緑の木が覆っている、としか見えないのだが、説明を聞いて、いろいろな顔があるのだな、と思った。

最初に行ったのは、中西《さるとり》という地名の場所にある共有林。シイタケ原木用の木を伐採した後に、さまざまな種の樹木を植林した場所で、道をはさんで片側は、もともとあったか植えたマツが大きく育ち、ほかコナラやミズナラ、もう片側はスギ、クリ、トチ、サクラなどの木が植えられた。たとえばトチは成長が早いのでパルプ用に植えるなど、それぞれ木の使い道を考えて植林した。「それがちょうど震災の三年前くらいに植えたところだった。でも、震災以後、手入れしていないので、山全体で元々あった木のほうが伸び放題になっている」と正弥さんが説明する。

私のような素人には何も見分けがつかないが、ここから目的の木だけを伐り出せるようにするのは、もう難しい状況になっているのだという。全部伐採して植え直すほどの動機がないとも。どうしていったらいいのか途方に暮れ、前に進まない。

原発から二〇キロ圏内に合子は位置していて、事故後は放射線量が高く、二〇一四年四月に避難指示区域の指定が解除されるまでは、山の整備作業は行われない期間が続いた。作業に人が入れなかった。その間の整備の遅れが、今も尾を引いている。そうした山は都路でも少なくないという。ASLIのメンバーで福島大学准教授の藤原遥さん（三一）が持参した測定器で測ると、空間線量は〇・一〜〇・二マイクロシーベルトを示していた。もう山に入って作業することに問題はない数値だ。山で作業する時には、二・五マイクロシーベルトを超えると特別な管理が必要になる。

山に住んではいるが、最近は合子の人たちも、山の手入れを自分たちですることは少なくなり、ほとんど森林組合に頼んでいるという。歩きながら、そんな話になる。

「すべて組合にお任せしてしまっている。反省点かな」と幸一さん。

「昔みたいに気力がないな」と正弥さん。

「職業が多種多様になった。先祖は秋から春にかけて山の仕事をやり、夏は田畑と固定していた。それが変わってきたのが我々の代だ」と幸一さん。

「東京電力の原発ができたころから、農業をやりながら、（原発の仕事をして）日銭をとるようになった。日銭というものは、それまでなかった。都路の高校進学率は、それまで（県内で）最低レベルだったのが、抜けたんだ」と正弥さん。

都路に小中学校はあるが、高校はない。高校に通うためには、東に約二〇キロの大熊町や双葉町などに下宿するか、西に約二〇キロの船引町、三春町にバス通学するか。いずれにしても、お金のかかることとなのだ。

そんな話を聞きながら、小道に入り、次の共有林へ。地名は南作《みなみさく》。

元々はシイタケ原木林でミズナラやコナラが多く生えていた共有林。震災後、県の補助事業で間伐をし、サクラやトチ、コナラなどを植えてある。

合子の共有林にも、シイタケ原木になるコナラやクヌギが多い山がある。「山（の木）を売ってくれと（原木）業者に言われたら、じゃあ、どこを見せるべ、と決める。山々によって、向きによって、条件によって、種類によって木は違う。どこを見せるか、山をどうＰＲするかが大事」と、幸一さんは、かつて震災前まではこんなふうに業者に山の木を売っていたんだ、と語ってくれた。

次は哲蔵さんの私有林に行って少し休憩した。珍しくスギの林だ。てっぺん近くまで枝打ちがしてあり、見通しが良くてすっきりしている。正弥さんが差し入れてくれた缶コーヒーを飲みながら、「手入れしたスギ、久しぶりに見たわ」と、同行者から感嘆のため息と声が上がる。

もともと先祖がスギやカラマツを植えていて、手入れは森林組合に任せていたが、原発事故後に森林組合が山に入れなくなった。それで、哲蔵さんが自分でナタで枝打ちをした。都路は春、四月にも雪が降る。雪が降った後に木が折れたり埋もれたり、また雑木もたくさんはえていて、作業は大変だったそうだ。

三カ所目は柳ノ沢の共有林。シイタケ原木林だ。なだらかに広がる土地で、遊歩道のような土の細い道の両側に原木用に育てたコナラが連なり、日の光が葉の緑を優しい色にして、木漏れ日が葉陰を際立たせている。「きれいだなあ」と思わず声が出た。

木はもう太く育ちすぎている。原木としていいサイズの直径一〇センチは、とうに超えている。ちょうど原木として木を売る予定にしていた年の春に、原発事故が起きて、かなわなかったのだ。伐り時からもう一〇年、過ぎてしまっている。でも、その後もササを刈るなど手入れはされていた。そのためなのか、どことなく心地よく、炭を焼いていた昔までふっとさかのぼれそうに感じてしまう。

シイタケの試験栽培も行われていた。県が実施している試験で、泥はね除けの白いカバーで覆われた中に、愛媛県産の原木を使ったほだ木がブロックに載っているのが見えた。

コナラの木々の中に、根元近くの皮が茶色く変色して、ぼろぼろ朽ちている一本があった。「カッケムシだな」と正弥さん。昆虫のカシノナガキクイムシのことだ。ナラの木を中心に、樹齢が長くなると被害に遭いやすくなり、ひどくなればナラ枯れをもたらす。

ナラ枯れとは夏、カシノナガキクイムシがコナラの木の幹に穴を開けて木の内部にもぐり込むことで引き起こされる。カシノナガキクイムシの媒介する菌が、木が根から吸い上げた水の通り道の導管を詰まらせて、やがて全体を枯らしてしまう伝染病だ。

カシノナガキクイムシはふだんは枯れた木にすんでいて、生きた木に入り込むとオスがフェロモンを出し、それに誘われて大量のカシノナガキクイムシが続々、穴をあけて同じように木にもぐり込む。メスは、先に木の内部に侵入したオスの掘った跡が気に入れば交尾し、深部まで進んで産卵する。カシノナガキクイムシにしてみれば、安全に子孫を残せる場所が、コナラの大木だったということだろう。

ＡＳＬＩのメンバーで森林組合の作業員をしている青木一典さん（五九）が、スマートフォンで撮った阿武隈の山のナラ枯れの画像を見せてくれた。コナラの大木の林が、一部は通常の緑、一部はナラ枯れを起こした枯れ葉色と交互に続いて、こんなに広範囲に枯れてしまうのかと思わず息をのんだ。実は日本全国で、とくにかつて炭を焼いていたような里山では、近年ナラ枯れが問題になっている。萌芽更新の手入れをせず、伸びるままに放置されたコナラやミズナラ、クヌギなどの木々が、伝染病を広げているという考えもある。都路では、まださほど起きていないと言いながらも、みな心配していた。

まもなく、ここのコナラは伐採されるのだという。伐採の目印に幹に赤いテープが巻かれ、その赤色が山の頂上に向かって線状に続く。

「これから山の上に東北電力が鉄塔をつくることになった。ここは、その工事の搬入路になるんだ」

辺りをオニヤンマが舞う。歩き進むと、カサカサと音を立てる枯れ葉の下から小さな茶色のアマガエルが次々にぴょんぴょん跳ね出す。「枯れ葉の下にいるコオロギを食べているんだよ」と、ASLIのメンバーで消防署職員の柳田哲さん（五九）が教えてくれた。

共有林ではないが、合子の集落で国有林を借りてつくったシイタケ原木林も見せてもらった。「部分林」といって、木の売却益を国有林四〇、借り主六〇の割合で分ける取り決めだった。ただ、一回伐木した後に震災が来て、その後はそのままだ。ヤマツツジやササが茂っている。

「でも一〇年も過ぎれば、枯れて、人が踏み入りやすくなる」とASLIのアドバイザーで土壌の専門家、森林総合研究所の三浦覚さん（六一）。ということは、放っておいてもいいのだろうか。ASLIのメンバーで都路の林業会社「森と里合同会社」代表の久保優司さん（五五）に質問すると、「放っておいたら自然の山に戻っていく。でも時間がものすごくかかる。人が手を入れれば、また子どもに戻るようなものだ」と教えてくれた。

ほかにも、木がすべて伐採されて斜面の土がむき出しになった山も目に映った。これは東日本大震災後に砂を取った跡地で、山の砂は主に浜通りの埋め立てに使われたという。津波の被害の後で、土地を造成するための土砂が不足していた、と聞いた。裸の土地はどこか痛々しい。合子では、業者と工事のダンプの出入りや降雨時の砂の流出防止などに注意するよう協定を結んだと話していた。二〇二二年一一月に再訪すると、土がむき出しだった山にはうっすら緑の草が茂っていた。「何にもしていかなかったな。土止めも何にも。都路じゅうにいっぱいこんな所がある。原発（事故被災地復興のお金）に群がった跡だな」と、地元の人は話していた。

案内してもらいながら、いろいろな話を聞いた。合子の共有林が四〇〇ヘクタールある中で、そのうち八〇ヘクタールを公社造林にしていた。公社造林とは、都道府県の林業公社など公共企業体が森林の整備をし、育てた木を販売して売却益を土地所有者と分ける制度。第二次世界大戦後の復興期に木材の需要が高まったことを背景に、国の拡大造林政策に沿って一九六〇年代、盛んに行われた。合子の場合、一九七〇年代半ばに五〇年間の契約を結んだ。スギ、ヒノキ、マツを植えて、五〇年後に収益を所有者四〇、公社六〇の割合で分ける約束だ。まもなく期限が近づくが、地主会ではもう継続の契約はしないつもり、という話もあった。

一九八〇年ごろを境に、この間スギやヒノキの価格は安くなる一方だった。建材としての利用が見込まれて植林が進められたが、安い外国産材の輸入が拡大し、一方で木造建築も減ってしまった。人件費も高くなる一方だった。これまでの四六年間で合子の地主が得た収入は三〇万円。税金は年間一二万円、五〇年で六〇〇万円払うのに。

「そのうち（売却利益の配分を）我々が二〇、公社八〇の割合でやってくれ、と言ってきた。こんな都合のいい話があるか」。どうせ公社の職員は天下り、二、三年の一定期間担当すればそれで終わり、と思ってるんだろう、と地主会の役員さんたちの腹の虫はおさまらない。全国各地で同じように悔しい思いをした地主たちがいるだろう。つまり、国や自治体の政策としては失敗だった。山の見通しは難しい。木の生長には数十年の時間がかかるのに比べて、経済は目先の利益で動きがちだからだ。日本では戦後、国産材の不足を背景に始まった木材の輸入が、価格の安さを理由に勢いを増し、一方で木材需要は減少して、その結果、国内で植林した木が育ちやっと木材として使える時期がきたころには売れず、山の手入れも滞っている。輸入先の海外の木材産地では乱伐も引き起こしている。山のこれからを考える時には、地球規模で物を売り買いするグローバリゼーションが席巻する以前の、自然の恵みを持続可能な形で利用できていた山と人の関わり方や地産地消、身近な規模を見直していくことがまっとうなのではないだろうか。役員さんたちの話を聞きながら、そう考えさせられた。

小さな規模、といえば、合子の住民のみなさんにはそれぞれ、共有林の自然の恵みを支えにした暮らしがあった。炭焼き、養蚕、シイタケ原木、パルプ用伐採……。ほかにもある。

「キノコはコウタケ、シメジ、ミミタケ。コウタケはイノハナとも呼ばれたな、イノシシの鼻みたいな形をしているから。味がいいんだ。山菜はシドケ、フキ、ワラビ……。食べる分だけ採ってくるんだ。直売所に出す人もいたな」と、身近なキノコや山菜が楽しみだったと話す人がいれば、「馬酔木《あせび》は収入があったな。母親が山から枝を伐ってきて、ロープでしょって出してくる。藪だらけで、とてもとても（大変だった）。働き者でないとな」と、サカキの代用品として宗教行事の飾りに使われた馬酔木の木枝を採って県内の業者に販売していた記憶をたどる人もいる。ナツハゼの赤い実が、生け花の材料として重宝された、とも聞いた。共有林ではないが、「老後の生計を立てるのにいいからと、ワラビの山を買った」という人もいたし、落ち葉をたい肥にして畑に入れていた、という話はよく耳にした。でも、キノコも山菜も木枝や実も落ち葉もすべて、原発事故後は販売したり事故前のように使ったりできなくなってしまった。山で暮らす生業として、また楽しみとしても、これほど良い素材はなかったのに、原発事故さえなかったらと悔やみきれない気持ちが、話す言葉ににじみ出ているように感じた。

半日、共有林を案内してもらっただけで、山と合子の人たちが抱えている、さまざまな側面が見えた。頭がいっぱいだ。問題もいっぱいありそうだが、それでも合子の人たちが共有林を何とか保とうと、関わりを絶とうとしないのは、何なのだろう。

「『都路村史』の二五一ページを見てみて。『冷害の年も、合子には山に米がなっている』とあるんだ」と、正弥さんが不敵な笑みをみせた。なんだろう。戻って村史を読むことにする。

「合子の山林引戻し運動」。『都路村史』の二五一ページを開くと、こんなタイトルが出てきた。「引戻し」とは何なのか。順に読んでいこう。

「明治六年の地租改正の条例発布によって、田畑が私有となり、売買も解禁となったことは、当時の農民に歓迎されたことと思うが、本村のような山里における山林の私有化は、毎年の納税対象となることについて不安があった」とある。

明治六年、つまり一八七三年の地租改正とは、国の根幹をなす制度改正で、土地の私有を認めて納税義務者を特定し、地価を定めて税金を金納とした。これと並行して明治の初め、国は、土地の「官民有区分」事業、つまり土地を官有地と民有地にはっきり分ける作業も進めた。江戸時代までは、所有のあいまいな土地もあったのを、そうした山林も含めて所有者を明確にし、すべからく税金を課す体制を整えていった。山は全国の面積の七割を占めているわけだから、そこから税金が入るのかどうかは国にとって収入を左右する。国家による全体の管理が始まったのである。

『入会林野とコモンズ』（室田武・三俣学、日本評論社）によると、地租改正による山林の課税率は田畑と同じだった。同書では「空気や水になぞらえる林野に税金がかかるということは、明治初期の農民にとってまさに青天の霹靂としてたち現れた」という『日本の林業・林政』（農業統計協会）の船越昭治氏の分析を紹介している。村史に記されているのも、住民は土地の私有が認められたことは喜ばしかっただろうが、税金が心配だった、ということだ。

「当時本村の人々は、薪や下草などは、今までどおり自由に採取できるものと判断したので、一戸当たり二町歩程度以上は私有にしないことを申し合わせたので、残余の林野はすべて官有に編入されてしまったのである」

つまり、明治のこの地租改正までは、薪や下草、おそらく落ち葉や山菜、キノコなど、山の恵みを採取する場所は、一帯の集落の人々が、その集落のルールの下で、みんなで利用していた。集落の誰もが入って活用できた。それが慣習だった。だから、もし官有林に編入されたとしても、以前と同じように、みんなで山に入ることができるだろう、と思っていた。税金も心配だし、各家二町歩（約二ヘクタール）を私有として、他は手放した。

ところが、「その後の状況は予想に反して官憲の監視が厳しくなり、大林区、小林区の制度ができて監視官が村に駐在し、材木の盗伐があると農民は詮議を受け、森林窃盗罪として告発されたのである」。

これまたびっくりした出来事だったに違いない。これまでと同じように山に入って、同じように山の木や草などを採取しているだけなのに、泥棒呼ばわりされ罰せられるとは。

ちょうど、山の経済的な「価値」が認識されるようになってきた頃でもあった。東京や大阪といった都市が成長するにつれて、木炭や薪、木材の需要が増えたのだ。山が現金収入源になる。この時点で初めて農民たちは気づいた。なぜ、放棄してしまったのか。都路は寒くてろくに米も実らない土地なのに。

「村民の多くはただ後悔するのみであったが、合子部落の斎藤民蔵は、田畑からの収入の少ない農民の生活を守るのは、いったん官林に編入された山林の引き戻し以外にないと考え、部落住民を啓もうし最後は行政裁判に訴えて、四〇〇町歩に及ぶ部落共有林の引き戻しに成功したのである」

引き戻し、つまり、管轄していた宮城大林区に、四〇〇町歩を合子共有林と認めさせ、官林から取り戻して自分たちの土地としたということだ。一八九八（明治三一）年。官林に編入されてから、一八年後のことだった。その間、斎藤氏は「懇請哀願十余年」の上、さらに意を決して「行政裁判に訴え、弁論数十回立証の苦心名状すべからず、しかれども二十年一貫として懇請忽《ゆるが》せにすることな」かった。合子の住民が明治一〇〇年を記念して地元に建てた「顕彰碑」に、そう彫り込まれている。約二〇年間の闘いの末に、約四〇〇ヘクタールの共有林を取り戻したのだ。再び集落みんなで使える山になったのである。

こうした官有林の引き戻しを求める声は、当時、各地でわきおこった。官民有区分の是正を求める請願や、引き戻し、払い下げの陳情、また官憲の目をかいくぐっての採草、伐木、植林をする実力行使もあった。そもそも「天然の草木を利用するだけで積極的に培養しなかったものは民有地と認めない」といった厳しい基準で官民の区分はなされていた。民有地であると証明できなければ、そのまま官有地に区別されてしまっていたのである。反発の声が高まったことを受けて、国は一八九九（明治三二）年に国有土地森林原野下戻《したもどし》法を制定し、引き戻しの申請を翌年半ばまで受け付けることとなった。ただ、結果ははかばかしくはなく、『入会権の解体Ⅲ』（川島武宜・潮見俊隆・渡辺洋三編、岩波書店）によると、審査件数が二万六七五件あったうち、許可されたのは、たった六・五％の一三三五件。不許可になったうち行政訴訟をおこしたのは一九二六件、うち原告の勝訴は二八二件にとどまった。官の「所有物」を取り戻す道は険しかった。

ちなみに一九〇〇年の書物『森林制度革新論』（辻灝洲著）によると、国が官民有区分事業を進めた結果、一八九二（明治二五）年の調査で、森林の官有林率は、判明している全国三九府県の平均で四四％だった。ただ地方による差が大きく、京都五％、大阪一〇％、滋賀一一％など関西は低いが、東北は高く、福島は八〇％、青森九七％、秋田九四％、山形八三％。同書には、明治維新の敗者側に対して、官有か民有かを判定する側が「特別の観念」をもったゆえではないか、といった推測も記されている。

ひいじいさんたちが作った図面

合子の共有林の引き戻しを主導した斎藤民蔵氏は一八四九（嘉永二）年生まれで、新潟出身。若いころに都路の隣の川内村の醤油《しょうゆ》屋で働いていて、たまたま合子の斎藤家の婿養子に入ったのが縁の始まりだった。正弥さんは、そのひ孫にあたる。

正弥さんたちが、図面を見せてくれた。うす茶色っぽい和紙のような紙が何枚も貼り合わされ、そこに「八拾九番　草山」「八十七番　山林」などと区画ごとの山の状況や、境界線のような線が記されている。

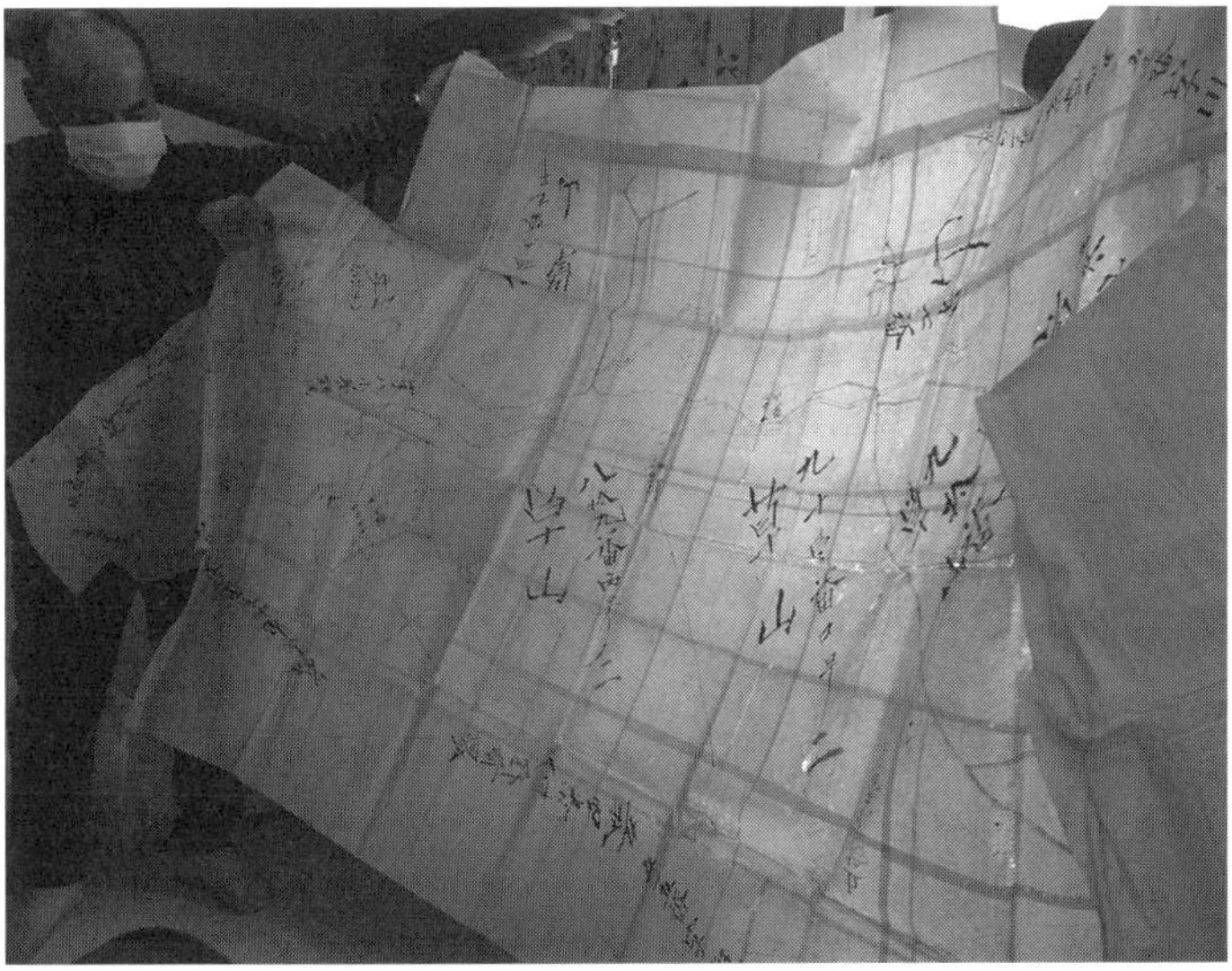

3世代前の住民が作ったという山の図面（著者撮影）

「ひいじいさんたちが作った図面だ。合子の山の四〇〇町歩が本当に合子のものなんだと示そうとした。大変なことだ。貴重な財産だと我々は思っている」

二人の大人が端を持って立って広げて見せてくれたのは、全体のほんの一部で、図面はかなり大きい。聞けば、縮尺が一分一間（六〇〇分の一）という。一分＝一寸の一〇分の一＝約三ミリが、一間＝六尺＝約一・八メートルに相当する見当で四〇〇町歩について作られた図面である。

「一生懸命作って、むしろの下に敷いたり、火だなの上に置いたり、わざわざ泥をつけたりして、昔からある図面のように見せようとした。昔から、うちのほうの山なんだ、と示すために作成したと聞いている」

火だなとは、囲炉裏などの上部にある格

子の棚で、わらぐつなどを置いて乾かすためにあった。そういう場所に図面をわざわざ置いて、図面を古く見せて、もともとそうであったのだと信ぴょう性を高めようとした、ということだ。

「こういうものを作って、一致協力して二〇年間の闘争をして、共有林四〇〇ヘクタールの土地を地域のものにした。代々、そう言い伝えられてきた」

取り戻した共有林四〇〇ヘクタールは、その後も合子の人たちの暮らしの糧になってきた。

都路村史には、こうある。

「昭和九年の凶作のとき、安斎豊海男（一八八二～一九五四年）の言った言葉が忘れられない。『合子は古道（注・都路村内の地名）と違って米が一粒もとれない。しかし山に米がなっているから少しも心配ない。』」。山の木を薪や炭用に売って、浜から一年分の米を買ってきた、とある。米の実りはなくとも、米を手に入れることができたのだ。

その後もことあるごとに、山は住民を救ってきた。

一九五三年、合子は小水力発電所の設置に乗り出した。それは、この潤沢な共有林があったからできたことだ。

戦後、一帯の水力発電を担っていた電源開発の復興はなかなか進まず、福島県内でも十分に電気は行き渡らなかった。県と市町村は「無灯火部落解消運動」に取り組んだ。電気のつかない集落をなくしていこう。そのために建設費用の半額を補助するとした。都路村でも、合子を含め集落の半数に電気はきていなかった。合子の住民は、共有林から得られる収入を基に、先駆けて自家発電に乗り出した。工事費総額一一九万五〇〇〇円のうち、地元負担の五九万七五〇〇円を、共有林の木を売ったお金で賄ったのだ。

出力四・七キロワットの「合子自家用発電所」。地域の川の高低差を利用してタービンを回し、発電する。住民は「電気利用組合」を結成し、農繁期前には各家から住民が人足として出て、水路の工事や電柱の運搬など土方仕事も行った。山から岩を掘り出してハンマーで打ち砕き、箱に詰めて工事現場まで運ぶ。そんなコンクリート用の砂利採りは、雨の日も毎日行った。

試験運転を幾度も重ね、翌年、ついに家々に電気がきた。組合員一戸あたり二〇〇ワット、隠居は一人世帯四〇ワット、二人以上世帯六〇ワット。正弥さんはその時のことを鮮明に覚えている。

「私は小学校五年生でした。そのときの感動は、今でも頭にある。茅葺き屋根で、天井なんてなかった昔の家で、裸電球がついたら、ススダケの一本一本が見えた。忘れられない」

ただ、こうした小規模発電所は、まもなく用をなさなくなる。洗濯機、冷蔵庫、テレビ……と、東京オリンピックを前に電化製品の普及が都市部から順に進み、より電力が必要とされるようになるにつれて、規模が間に合わなくなったのだ。電気の需要を満たすためには、電力会社の電気が必要だった。だが、福島県内でも山間地など消費電力が少ない場所では、送電施設まで外線をつなぐ経費は利用者が自己負担を強いられていた。県は補助金を出して工事を進めようとしたが、それでも「高嶺の花」(『都路村史』)だった。その工事に、合子は手をあげたのだ。地元負担分の二八六万五一〇〇円を、共有林の山の木を売って捻出したのだろう。

「だから東京オリンピックに間に合ったんです」と正弥さん。

「山と関わり合って、今までいろんな大きなお金を使わなきゃならんときには山（の木）を売って、それに充てた。そうして、この地域はやってきた。山の恩恵は、やっぱり忘れてはならない」

「子どもたちでは、できねえぞ」

「里山のみえる丘公園」

合子の山の中腹に、こんな名前が入った手作りのアーチ門がかかっている。青い空に太陽やイノシシのイラスト入りで、気持ちをほっこりさせる。二〇一九年一二月、門をくぐって、未舗装の細い土の道を車でゆっくり進み、頂近くまで行くと、木が取り払われていて視界が開けた。ちょうど合子の集落を見渡せる。なんだろう、ここは。公園、というイメージとはちょっと違うが……。

「空も星も、寝転がって見られる場所をつくりたいんだ」

おおらかにそんな話をするのは、合子の農家、坪井久夫さん（六九）。共有林の地主の一人だ。戦後に合子の住民が小水力発電設備を整え、各家を電気で照らした「合子電気利用組合」組合長だった保蔵さんは父親にあたる。電気がついた時のことを、久夫さんはよく覚えている。久夫さんも生まれも育ちも合子である。

テント場、テニスコート、炊事場、ブランコやジャングルジムなどの遊具場……。久夫さんは、今、この山にキャンプ場を中心にしたレクリエーションの場所を造っている。たった一人で、こつこつと。そこに里山のみえる丘公園の名前を付けたのも久夫さんだ。横浜に港の見える丘公園があるから、それになぞらえた、と楽しげに言う。作業着姿で農業用の重機を駆使し、古い電信柱も再利用して、テント場には足触りが良い木製チップまでまいた。手作りのキャンプ場だ。

「子どものいる都会の家庭に遊びに来てもらって、なんとかここを気に入って、移住したい人が出てこれば」。胸の内にそんな大きな夢と願いを秘めながら、日ごろは黙々と作業をしている。

「もう若い人がいないんだ。このままでは、まずい」

久夫さんは米と野菜を栽培し、東京など都市の消費者に直接届けている産直農家だ。震災前までは、年に一回、夏に収穫体験の機会を設けて消費者を合子に招き、自宅に一晩泊めて参加してもらった。お客さんにサクラの苗木を買ってもらい、山に植えていた時もあった。秋には逆に、久夫さんが東京へ行った。そういう顔の見える関係づくりの経験を重ね、大事にしながら、農業を軌道に乗せてきた。

「ここは標高五五〇〜五六〇メートル。最近はなくなったが、以前は一〇年に一度、冷害がきて米がまずくなった。それでお客さんが離れたことがあって、これではだめだ、と直接やりとりするようになったんだ」

お客さんとの行き来を通して、お互いに安心感が生まれた。現地を目で見て確かめてもらいながら。急がば回れ、の工夫である。

原発事故の後、久夫さんは避難解除が出される前年には合子に戻って、野菜作りにいそしんだ。

最初は作物にどれくらい放射性物質が含まれるか、市の依頼を受けた、モニタリング用の栽培だった。「再開したかった。避難の間も土方のバイトで体力つけて、戻ってくるぞ、と思っていた」。米作りも、インターネットで放射線量の情報を日々チェックして、「よし、これなら来年はできるな」と確信をもって戻ってきたのだ。

この山に戻ってきたい、そう久夫さんに強く思わせるものはなんだろう。

「秋のキノコならイノハナはごはん、ショウロはみそ汁。どっちもすごくうまい。ショウロなんてめったに出ない。ここに住む者の特権だ」と、久夫さんは自然の実りへの愛着を、ただ語る。

夏に木陰で昼寝する心地よさ、七月も半ばになれば、ふあああっと飛んでくるホタル。本当に、寝っ転がって終日ゆっくり過ごしたら、どんなストレスもたちまち消えていきそうだ。

「静かでいいところなんだ。原発事故さえなければね。前は直売所もあって、山のものも出していたが、震災で閉鎖になった。山のものが安心して食べられるようになるまでは復興とは言えないな」

事故で産直のお客さんは半減した。ただ、それは時の経過とともに、徐々に回復しつつある。心底の気掛かりは、共有林も含め、この合子の山をこれからどうやって活用し続けられるか、受け継いでもらえるか、ということだ。そんなことを考えながら、キャンプ場を造り始めたのは、震災から三年くらいしてからだった。

「うちは後継者はいるが、会社勤めで船引（町）にいる。（農業を継ぐかどうか）どうなるかわからない。だから、自分でがんばれるところまでがんばろうと。ただ、畑はやる人がいなくなると、荒れる。そうはしたくない。荒れると人が戻ってこなくなる。自分ができる範囲だけでも戻ってこられる状況にしたい」。家族以外でもやりたい人がいれば後継者に、と考えたが、家族がどう言うかな、と口ごもる。

先祖から受けた恩、共有する山への感謝。それが骨身に染みている合子共有地地主会でも、最若手が今、六〇歳。次の世代は出てきていない。

「昔なら、やんなきゃだめだ、と若い人にも言えたが、今は無理。都会に行けば、話も合わない」と坪井幸一さんは言う。次の世代が継ぐかどうか、そんな話ができないままでいる。

幸一さんは、若い頃は家族と共に炭焼きをし、パルプ用の木の伐採や、和牛の繁殖農家の経験もある。地域の同世代でつながりは強く、「祝豊団《しゅくほうだん》」という結のつながりがあって、当時盛んだった盆踊りで若者同士、行き来しあった。米作りでは「農友クラブ」という集まりをもって、標高が高くて冷える合子でも収量が見込める種子をみんなで選ぶなど協力した。

その後、東京電力の下請け企業で原発の作業に従事した。電気設備関係の定期点検の業務で、福島以外に新潟・柏崎や宮城・女川など各地を回って原発で仕事をしたこともある。

「子育ての時期になって、日金《ひがね》が必要になったから。毎月入るお金がないと大変だ」。子どもは五人。三〇年間、勤めた。東日本大震災が起きたときも四号機の変圧器の取り換え工事のために原発にいたという。

ただ、外に働きに行っていても、山の仕事にも携わっていた。冬になれば日曜は、シイタケ原木伐りもやっていた。

「我々の年代では、外に勤めに行っても山と断ち切れたのではなかった。何かとつながりはあったのだが」。年代が変わると考え方も変わる、と話す。

今、地主組合は、共有林の登記を手掛けている。もう六年がかりになるといい、完了まであと一歩のところまで近づいた。

きっかけは、原発事故だった。合子は原発から二〇キロ圏内と近く、事故後に東電から賠償金が支払われることになった。地主組合の役員が賠償金を申請するために共有林の登記を調べてみたら、三、四代前の名義になっていたり、一部は登記していなかったり、とまるで実態からかけ離れていた。そこで、現在の所有者の名義に直そうととりかかった。

併せて、共有林の中でも、もっぱら個人が利用しているところは、個人に所有してもらうことにした。明治時代に民有林として取り戻した共有林も、この一〇〇年以上の間に利用の仕方は変わっていた。特に、民家の近くや、農地の周りの山などは、個人が活用しているところもある。それで、共有林が四〇〇ヘクタールあったうち、五〇ヘクタールほどを個人や数人で所有する私有林に分けることにした。実際の利用の仕方に合わせて、整理したのだ。

容易な作業ではなかった。「一大決心だった」と正弥さんは言う。最も苦心したのが、地元を離れたかつての地主二人の子孫を探すことだった。共有の名義を個人の名義に直すためには、その承諾が必要だった。

「面積六〇アールくらいのことだから、知れたもの。でも〈特定するための〉裁判費用に一七〇万もかけて。弁護士に、あんたら、ばかじゃないのかと言われて」〈正弥さん〉、「そんなにかけてまでやる問題じゃあんめえ、と。投げといた方がいいんじゃないの、と言われたけど。でもやっぱり我々としては、金がかかってもいいから、正式な形で自分たちのものにしたかった」〈幸一さん〉。賠償金があるからできたんだ、などと言う地元の人もいるが、賠償金があったからといって、やろうという意志と気持ちがなければ、それだけでできたものでもあるまい。

日本全国を見ても、所有者が分からなくなっている山林は、実は少なくない。高齢化や人口の東京一極集中、生活の都市化、林業の不振など山林の経済的な活用が難しくなってきたのが原因だろう。山とつきあって生計を立て暮らしていく生き方が、できにくくなっているとも言えるかも知れない。林野庁がまとめた資料によれば、全国の林地の二八・二％と約三割は所有者が分からなくなっている〈二〇一七年調査〉。また、森林のうち、所有者が、そこに住んでいない「不在村者保有」になっている割合は二四％〈二〇〇五年調査〉。そうした不在村保有者のうち一七・九％は、相続時に何も手続きをしていなかった、という二〇一一年の調査もある。

「我々も総会を何回も開いて、何年もかかりました。賠償金の計算は全部、我々役員がやって、誰一人として文句を言う人はいませんでした。みんなに集まってもらって、説明もきちっとしました。いろんな困ったことはみんなで協議する、という方法をとってきた」と幸一さんは言う。

一から話をして、理解し納得してもらうのは、大変なことだったろう。ちょうど、二〇二〇年春からは新型コロナウイルスの感染症対策で、予防のためには、お酒を飲みながら和気あいあいと話をする、というわけにもいかなかった。正弥さんら役員七人の根気の作業だ。

そんな大変な作業ができるのは、同世代で同じような考えの人たちが役員だったから、という。「税金の支払いも、権利者の一人一人に、あんたはこの山、なんぼ出さなきゃなんないよ、ということも細かに作った。そういう中で、それぞれ自分の権利というものが明白になってきた」と正弥さん。

これから山をめぐる状況がどう変わるのかは、予測もできない。何とかしなければと思うが、どうしたらいいのか分からない。「子どもたちは山の恩恵など知りません、そんな金のかかる山はいりません、と言う。どうするか。その場しのぎで、売って金を分けて使うような形になってしまうんじゃないか」「いや、でも何か方法をとって、この共有林をともかく継続していきたい。我々の世代でも、まだ、できることがあるならやる」。そんな思いを行ったり来たりしながら、何とか山の責任者をはっきりさせることに奔走してきた。

今ここでやらなかったら、子どもたちは誰もできねえぞ。それが合言葉みたいなものだった、と役員の人たちは声をそろえた。

山の頂、里山のみえる丘公園には、一本の大木がある。ヤマナシの木。ゆうゆうとした姿で、合子の集落を見晴らしている。少し傾き加減なのは、長年風雨にさらされてきたせいだろうか。

「二〇〇年くらいたってるって言われてる。昔から変わらねえんだ」と久夫さんが教えてくれる。

冬には雪の上に実が落ちて、子どものころはよく食べた、と言う。

官有林からの引き戻し、自家発電、炭焼き、盆踊り、シイタケ原木伐り、山菜やキノコ採り、原発事故――。この二〇〇〇年、絵巻物をほどいていくように合子の移り変わりを映してきたヤマナシの木。これから、どんな山と人の関わりを見ていくことになるだろうか。

県南部の石川町では出荷用にシイタケ原木を伐採しシイタケも栽培していた

石川町のシイタケ原木の山。ほだ場（左）ではシイタケが顔を出していた

原木シイタケ栽培の技を学び継承しようという活動が都路で始まっている

都路の川でまたカジカ捕りができるように、隠れ場所になる藻を移植する
吉田幸弘さん

第六章——絶やしたくない

「ここにある物をどう使うか」 シイタケ原木生産・販売 阿崎茂幸さん

ウイーンウイーン。人けのない山にチェーンソーの音が響く。二〇二二年三月中旬、福島県・中通り、石川町のコナラの山で、シイタケ原木用の伐採作業が行われていた。四ヘクタールの山を、四人の作業員が行き交う。青空に突き刺さるように伸びたコナラは、伐採されて斜面に沿って落ち葉の上にふーわりと倒れていく。倒れたコナラを、作業員が九〇センチずつチェーンソーで切りわける。後は樹皮を傷つけないよう一本ずつ手で抱きかかえて、運び出す。

「残ってるものは土地だけだ。荒れた草だらけの土地だが、人手をかければ草も刈れる。つらい仕事かもしれないが、体を使うことは当たり前なんだ」

阿崎《あざき》茂幸さん（七九）が言う。シイタケ原木の生産・販売業「阿崎商店」社長。同社は原発事故後も何とか阿武隈の木をシイタケ原木に使おうと試みる県内で唯一の民間企業になった。

中通りの玉川村にある作業場に阿崎さんを初めて訪ねたのは二〇一九年の一一月。「26」「43」「18」「114」……何を表すのかわからないが、マジックで数字を書いたコナラのシイタケ原木が積まれていた。傍らに大型の機械が二台あった。「非破壊検査機」と「原木洗浄機」。無機質な金属の外見も名前も、ものものしい。

検体（原木）を細かく砕かなくても放射線量を測定できるのが非破壊検査機で、水と研磨剤で検体表面の放射性物質を洗い流すのが原木洗浄機だ。いずれも原木を丸ごと投入すればいい。

原発事故後、シイタケ原木には放射性物質の指標値が、当初は暫定で一五〇ベクレル／キロ、その後二〇一二年四月に五〇ベクレル／キロと定められ、今も変わらない。作業員が原木を一本、非破壊検査機にかけると、三〇秒ほどして画面に「〇」と出た。二五ベクレル／キロ以下であるという印だ。二五ベクレル／キロを超えれば「×」が出る。〇×の判断基準は、より精度の高いシンチレーションスペクトロメータ検査との誤差を勘案して指標値五〇ベクレル／キロの半分に設定してある。「実際、二五ベクレル（以下）じゃないと、買ってもらえない。安全安心と言うが、これでは指標値に意味があるのか……」と阿崎さんは嘆いた。

原発事故が起きて以来今に至るまで、阿崎さんの一一年間は、ずっと指標値との戦いだ。原木の放射性物質濃度を一本一本、測定しているのだ。「経験したこともない実証実験を続けているみたいだ」。阿崎さんは言う。

事故後に育った若い木のほうが、放射線量は低いという。同じ林の中でもサクラは低め、クヌギ、コナラの順に放射線量が高くなる傾向もあるという。長さ九〇センチずつに切り出した原木は作業場に運び、一本ずつ放射線量を測定して数値を書き込む。それが先ほどの数字だ。

阿崎さんは綿密に調べて記録している。たとえば二〇一九年二月の報告を見てみよう。まず原木の放射性セシウムが何ベクレル以下であれば洗浄の効果が出るのかを割り出すために、阿崎さんは石川町内の二カ所で伐採した原木、計九七一本の線量を一本ずつ測定し、洗浄による低減効果を調べた。目標とした線量値は指標値より低い二〇ベクレル／キロ以下だ。調べた結果、「五〇％の改善が期待される」として二一～八〇ベクレル／キロ以下の原木を洗浄すると決めた。阿崎さんが導き出した「洗浄基準」だ。

その基準に照らし合わせ、石川町内で伐採した原木八八九五本のうち七二％にあたる六三八八本を洗浄すると、うち七五％の四八一四本に目標値を満たす低減効果が出ることが判明した。ただ洗浄と、洗浄前後の二回の測定が必要になるため「掛かり増し費用」として原木一本あたり、そのまま出荷する場合に比べて六九五円の費用がかかった。また、検査機の規格に合わない太さや形の原木は測定できないため出荷もできず損失も出ている、としている。

最近は、放射線量が低い場所を選んで木を伐採できるようになり、伐りだした原木の七、八割は指標値を下回るという。事故後当初は、濃度が高くて洗浄し、また測定し……と繰り返した時期もあった。ただ、二〇一九年に稼働していた高圧洗浄機は、二二年に訪ねた時は使用を止めていた。洗浄しても、放射線量が下がらなくなったという。最初、放射性セシウムは木の表面に付着していたから洗浄すれば洗い流されて線量が下がっていたが、もう木の内部に入っているから表面を洗っても放射線量は下がらない。

「真剣にここの木を使うことを考えている。放射能を調べながら、ここに合った生産の方法を考えていかなければならない」

だから、阿崎さんは、原木は一本ずつすべて放射線量を測る。一般的に原木用の木の検査は、林内の三本を調べて指標値以下であれば伐採できることになっている。

「実際は、山によって、また、山でも場所によってばらつきがある。俺は原木の商売をやっているのだから、安全を確認するためには、すべて測ることまでやらないと。国や東電は自分の立場でものを言っているだけだが」

二〇一九年当時、石川町で伐りだした原木一〇〇〇本を測ったうち、二五ベクレルを下回ったのはたった七〇本だった。原木の全数検査をしているからと、東電にかかった費用を補償するよう請求して何回もやりとりしたというが、費用が払われたことはない。

検査機や洗浄機は、開発した県から無償で貸し出された。ただ、電気代や水道代、測定にかかる人件費、作業場の整備費などはすべて自前だ。例えば原木洗浄機の排水は、木炭などでの処理工程を独自に加え、放射線量を測って「ND（不検出）」を確認し県に報告している。手間のかかる作業だが、周辺の住民に安心してもらうためには欠かせない責任だと阿崎さんは考える。「（東電からの）賠償金も、俺の給料と年金の合わせて月二〇万からも持ち出しだ。俺らは受難者だ」

原木洗浄機にしても、県から機器が貸し出されるまでに、阿崎さんは何度、自前で工夫して挑戦したか。震災の翌年には、茨城県の工作機械メーカーに洗浄機を作ってもらった。ただ、洗浄箇所にむらができて、失敗だった。トラックのボディにビニールを敷き、水を張って原木を洗ったこともあった。

噴射機を使って洗浄した時には、洗った後の水を吸収するために放射性物質を吸着するという鉱物のゼオライトや米のもみがら、木炭を層にして吸収層も作った。

作業場には、これまで作った洗浄機がすべて残っている。「取り組んだ証しとして残したい」。原木の洗浄としては役目を終えてしまった高圧洗浄機も何かに利用できないかと頭をひねる。

事故前の年間出荷量は阿武隈の木を中心に約二〇〇万本だった。二〇一九年は約八分の一に減り、大半は県南西部、放射線量の低い南会津町産だ。

阿武隈の良質な原木でシイタケを栽培したいという農家がいる限り「絶やしたくない」という信念を、阿崎さんは貫く。一方で、こう思う。

「事故を起こした東電が買い取るのが筋ではないか」

シイタケ原木の生産に関わって半世紀。阿崎さんは父親が秋田県、母親は隣町の出身で、父親が東京都内の製缶工場で仕事していた時に都内で産声をあげた。阿崎商店の事務所を置く石川町に住んだのは、太平洋戦争中に疎開してからだ。

「国が戦争をやったから疎開した。国が原発を進めたから、こうなった。国民だからしょうがないのかね？」

こんな皮肉が飛び出すが、気配りの人でもある。朝は早めに事務所に来て、現場に出掛ける作業員らにコーヒーをいれてパンなどのおやつも持たせる。

シイタケ原木の仕事を始めた時は二〇代後半だった。元々は購入した大型トラックで運送業をやっていた。運送先から「おにいちゃん、いい原木はないか」と聞かれたのがきっかけで、買い取りや販売も手掛けるようになった。全国的にシイタケ原木生産が初期のころで、伐採する人手がなく、また原木も規格がなくて質にばらつきがあったという。次第に山の木を買って原木を伐って、規格もそろえて、と「自分から商売をつくっていった」。何もないところから始めたのだ、と。

原木シイタケの消費増とともに商売は右肩上がりで、一九八〇年代は最大年間一三〇万本を生産し、売り上げが三億円を超えた。周りにも、個人で自分の山から原木を伐り出す人が石川町だけで数十人いたという。「全体で問屋がどれくらいあって、生産者がどれくらいいたかは分からない」。行政の統計では把握しきれない生産もあったと言う。

冬は原木伐り、春以降は残った材をパルプ用に出荷。自然の季節に沿ったサイクルで展開していた。やがて菌床シイタケ栽培が優勢になってからも、原木シイタケ栽培が続く限りは原木生産を何とか続けようと、生き残りの方法を考えた。何と言っても阿武隈の山から伐りだすシイタケ原木は質がいいのだ。二〇〇〇年代からは、植菌をした原木の販売も開始した。そこに活路を見いだしたころ、原発事故が起こったのだった。

原発事故後、阿武隈の木を十分に調達できなくなった阿崎さんは、原木になるコナラがある南会津町の山に行って木を伐っている。南会津町は県南西部に位置し、木の放射線量も低い。伐り出しは冬の仕事だ。雪深い同町で、足元を積雪に埋もれて行う作業は厳しく、期間も限られる。条件が良いわけではないが、続けざるを得ない。その原木を使って、地元の中通り南部、作業場のある玉川村で、シイタケの栽培も試みていた。

原木に植菌したほだ木を組んで置いた「ほだ場」を見せてもらった。シイタケがぽこぽこと顔を出している。

放射線量の低いほだ木でも、高い土の上に直に置いておくとほだ木やシイタケの線量が上がることがある。山の放射性物質は、大半が地表五センチほどの土中にたまっていて、泥がはねるなどするためか、どうしても放射性物質がほだ木に移行してしまうのだ。だから、そうならないよう、ここでは、地面にほだ木を直接置かず、放射性セシウムを吸着する鉱物のゼオライトとブルーシートを敷いてある。上には雨よけのビニールがかぶせられていた。ほだ木に実ったシイタケの取り方を教わり収穫させてもらったら、ぼってりしたシイタケのはりと弾力が手に残った。

「菌床で作るシイタケは感動がない。安く作りましょうということだから。そんなものはいらない」と阿崎さん。国からは、原木栽培がだめなら菌床栽培にすればいいじゃないかという意向を感じるが、せっかく原木栽培の独特の歴史と文化があるのに認めていないのはおかしいと考えている。「本来、原木シイタケは山で春と秋に採るのが一番理想的」と目を細めながら話し、「やっぱり自然の中で作っていくには、放射能をなるべく吸わないよう、手間をかけるよりしょうがないのかな」と割り切れなさをつぶやく。

「この一〇年で広葉樹林は様変わりしてしまった。事故後、手入れをしなかったので、一〇年分よけいに木が大きくなって、下刈りも枝打ちもしなくなって伸び放題になってきた。作業量が倍に増えてしまった。パルプも市況が悪くなってきて売れない。薪にするかといっても、売れるが、手間賃が高い。やっぱり、キノコを出していくことに意味がある。そのために、出したキノコを買ってもらわないといけない」

二〇一八年の秋、阿崎さんは、少し気分の晴れることがあった。南会津町産の原木を使い、玉川村で栽培したシイタケの販売を、旧知の花農家、小平《おだいら》美香さん（四四）が引き受けてくれたのだ。

「希望だ」と阿崎さんは言う。

小平さんは、石川町の隣、故郷の古殿町《ふるどのまち》で夫（五五）と長女（二五）、孫（七）と四人暮らし。「ここを離れて暮らすなんて考えたこともない」と言う。二〇一三年からキクやアスターなどの切り花やポット苗などを栽培し販売。以前は夫の板金塗装の会社を手伝っていたが、夫の母親が体調を崩し、その畑が荒れないように自分で考えて花を始めた。お彼岸など忙しい時にはアルバイトも雇うほどだ。

高校時代、アルバイト先のガソリンスタンドに客として来た阿崎さんと知り合って以来のつきあい。今回も、シイタケをどうやって売ろうかと相談され一肌脱いだ。まずは、古殿町の「文化祭」で販売。一パック二〇〇グラムで、ナメコは二〇〇円、シイタケは三〇〇円。手数料はなし。午前九時に始まり午後一時半には完売した。次に近所の道の駅で売った。客は県外からが多い。売り上げは六万円になった。二〇二一年に訪ねた時は、キロ単位で注文も受けるようになっていた。いつかは東京の料理屋さんに出したい、と夢を抱く。

「味も食感も（菌床シイタケとは）違う。食べてもらえればわかるんです。食べてほしい」

以前は古殿町にもシイタケ農家がいたが、年を取りみなやめてしまったという。小平さんは花を生かしながら地域を元気にできないかと地元の人と一緒に庭でガーデニングをしていて、二〇一九年にはついに、自宅の裏山に、ほだ木を置いてシイタケも作り始めた。

農家だった祖父が、以前、山の木を伐ってシイタケを育てていたのも覚えている。ほだ木は一五〇〇本。小平さんは、シイタケ以外にも、ヌメリスギタケやエノキ、ナメコ、マイタケ、雑キノコと呼ぶ地元のキノコなど、もう、山がいっぱいになるほど栽培している。収穫時期には、夢にシイタケが出てくる、と苦笑する。

原発事故前は、山のキノコを採って道の駅で販売する地元の人がいて、評判が良かった。クリタケ、ナラタケ、イッポンシメジ……。だがいまはまだ放射能汚染のために採っても売ることはできない。一方の原木シイタケは、露地栽培でも古殿町では出荷できる。天然のキノコに代わって、おいしいシイタケを栽培して道の駅に並べたら、売り上げに貢献できるはず、と思っている。

「花を見に来た人にシイタケの収穫を体験してもらうのもいいかなと」

足元を一歩一歩、固めている。


二〇二二年三月、コナラの伐採をしていた石川町の山のすぐ隣に、阿崎さんは、シイタケを栽培する「ほだ場」をつくろうと考えていた。周囲の山々に増えてきた竹や、そだ（木の枝）を雨よけや日よけに利用する。地元のお年寄りの仕事の場にもなればいい。別の山では原木にならない木の細い部分や太い部分を薪にして売れないか、とも考えている。

「ここにある物をどう使うかだ」

阿崎さんはずっと、それを考えてきたのだなと思った。

事務所の窓から雑木林が見渡せる。阿崎さんが、好きな野草を育てようと手入れしている雑木林だ。

「フクジュソウ、ショウジョウバカマ、クリンソウ……夏にかけて花が咲く。きれいなんだ」

野草は山から種や苗をもってきて植えた。一〇〇種類くらいあるという。

「山の木を伐る仕事があって、薪も炭もシイタケもできる。本来、いい所だ」

自分は自由奔放にやってきた、と半生を振り返る。生きることは楽しく、「ぱらぱらめくるページのようなもので、何でもいいんだ」と。ただ、「信念をなくすのは人間が終わる時だ」と言葉にして自分を奮い立たせる。

「なんとか安心してうまいシイタケを食ってもらえればな。シイタケができるように木を伐って売るのが俺の天命だ」

「何百年でも続けられる」 農園「妖精の郷《さと》」 工藤義行さん

福島県の北東部、阿武隈山地に連なる相馬市に農園「妖精の郷」はある。

「マメダンゴ、モミタケはここに来て初めて採りました。感動です。ここさ来たのは間違いではなかったが……」

農園を開いた工藤義行さん（七四）は、開園当初の興奮を語る。キノコと山好きが高じ、主に県内で送った公務員生活に三〇年で終止符を打って、妻の菊子さん（六七）と五二歳で始めた農園だ。相馬市も原木シイタケの産地。約七ヘクタールの農園で、工藤さん夫婦は、シイタケを中心にマイタケやヒラタケなどのキノコと山菜を栽培。キノコは種類によって原木と菌床で作り分ける。「趣味で山のキノコを採り、キノコが気持ち良く出るように土地の手入れも欠かさない。

「（原発事故の放射能で）露地栽培も野生キノコも出荷停止になりました。今もです」

それでも工藤さんは「私はやっぱりシイタケを作るしかない」と、原木栽培をあきらめない。思いは山の再生にある。二〇一九年一一月に訪ねると、園内をくまなく案内してくれた。スギの林の中でほだ木からぽっこりとシイタケが顔を出している。原木のナメコ、ブロック状の菌床のヒラタケ……一つ一つ区分けして、きっちりときれいに手入れされていた。

青森県出身の工藤さん。公務員時代は農林水産省東北農政局の統計情報部で、米の収量や水害の被害などの調査を主に担当した。四〇代半ばで関東農政局に異動、次に四国へ転勤した。机で数字や書類に向き合いながら、どこにいても心はひたすら山への思いに焦がれていた。

「山が好きで好きで。社会人になって初めての職場旅行が尾瀬で、ミズバショウが本当に素晴らしかった。とりこになって山へ行くようになり、多い時で年に六〇回くらい山に行きました」

金曜夜から土日にかけて。花も山菜も良かったが、なんといってもキノコに魅了された。

「東北なら今の時期、ナメコはとれますね。倒木に出ています。一番感動したのは、五〇〇〇円札にのっていた富士山で、ヤマブシタケが出ているのを見た時です。穂高岳の河童橋を下る途中には、ハナビラタケを見てびっくりしました。七月初旬、道の真ん中に、とんと座っている。みなさん素通りだが、こんなおいしいものを知らないんだと。白いマイタケと言われるんです。感動がいっぱいある」と、話が止まらない。

キノコを作りたい。関東農政局に異動を命じられたころ、迷いがなくなった。まず土地を探したが、最近でこそ田舎暮らしの希望者に、町や村など自治体が情報を提供したり住宅や子どもの教育の世話をしたりと手厚く支援をするものの、そんな対応は当時、ほとんどなかった。問い合わせをしてもろくに返事もこないまま。やはり長く暮らした福島がいい、という菊子さんの願いで、この霊山《りょうぜん》のなだらかな山にたどり着いた。五年かかっていた。

「その間もキノコを勉強したくて。愛媛県にいたので、隣の徳島県が菌床シイタケの生産日本一だったので、それを勉強しました。変わらず山にも登っていました。愛媛にある一〇三の山の半分くらいは登りました」

テンポが良く、でもとても具体的に話す工藤さんの言葉を聞きながら、山を歩くその軽やかな足取りと、事務机できちょうめんに書類を仕上げる姿が、頭に浮かんだ。

農園を開いてからは、徳島で習った菌床シイタケの生産を中心に、原木シイタケは主に乾燥用を作った。生産は順調で、原発事故の前年、二〇一〇年には九〇〇万円超の売り上げがあった。

他のキノコも作った。初めは菌メーカーのカタログにあった種をすべて育ててみた。試した結果、菌床でキクラゲ、ヒラタケを、原木でナメコ、マイタケ、クリタケを生産。山菜は、行者にんにく、シドケ、大葉、ギボシを栽培するに至った。コウタケなど野生のキノコも採りに行き、同じ集落の仲間と一緒に開設した直売所などで販売した。これらのうち露地栽培分は、原発事故により出荷停止になった。

それでも工藤さんは栽培を止めなかった。

原木シイタケは、最初は長野や秋田など他県産の原木を調達した。東電の賠償で、事故翌年にハウスを建てて栽培を試みた。だが、換気扇の管理や散水などの手間と、電気代などの費用ばかりかかり、シイタケは収量も質も悪かった。そこで、シイタケの菌を植えたほだ木をハウスから外に出し、以後は露地栽培にすることにした。「東電は補償しない。私の自己責任です」

どうしても原木シイタケ生産を再開したいから、と市役所に日参し、ほだ木を置くほだ場をきれいにしてほしいと頼み込んで、二〇一七年に除染してもらった。翌年、長野県産の原木に菌を植えた。ちなみに、除染で取り除いた土の放射性物質を測ったら、一ヘクタール内で、一三〇〇～一万二〇〇〇ベクレルと一〇倍近くのばらつきがあった。「場所ごとに全然違う。部落全体、市全体で出荷制限を解除するのは難しいな」と思ったと言う。

原木林も育てようと、菊子さんと二人で苗木も植えた。クヌギと、ほだ場に必要なスギ。クヌギはコナラより成長が早いからと選び、事故後まもなく約三〇本、二〇一七年には一・五ヘクタールに一〇〇〇本とスギ二〇〇〇本を植林した。

「都路町をはじめ阿武隈で伐っていた一千万本の原木が事故後、出荷できなくなりました。木を伐ったほうが山の放射能は早く下がるでしょう。伐らなければ、阿武隈山系は事故から何年たっても何も変わらないんです」

苗木は北隣の新地町産。原木シイタケ生産者らがつくるNPO法人「里山再生と食の安全を考える会」や森林総合研究所も協力し、汚染を抑える調査の場にもなっている。

二〇一一年、工藤さんが原発事故を知ったのは、三月一四日だった。事故日を含めて三日間近く、何も分からずに山の水を飲んで過ごしていた。東日本大震災で停電したため、電気が復旧するまで知るすべがなかったのだ。

事故があるまで、原発があることを意識したことはなかったし、放射能を身近に感じることもなかった。

「エグネ（＝屋敷周りに植えた風よけの木々）のスギの枝から（セシウムが）降り注ぐというので木を伐ってもらった。（放射能のことに）無知だから伐った木を燃やして、市から借りた測定器で測ったら四〇マイクロシーベルト。ビビビビッと鳴って、あっやー、こんなにすごいんだわ、と」。エグネを伐ったら、吹き付ける風が強くて、すぐ木を植えた。風が静かになって全然違った。先人の知恵をしみじみ感じ入ったと話してくれた。

工藤さんは、野生のキノコの放射性物質を測定し、記録して歩いている。イノハナ、サクラシメジ、マツタケ、イワタケ（地衣類）、ヤマブシタケ、ハナビラタケ、タマゴタケ……。工藤さんや住民を魅了してやまなかった豊富なキノコがだが、すっかり食べることはなくなった。栽培していたキノコは採ってセシウムを測って全部捨てた。その分の補償は東電から受け取った。でも、補償は欠落している。

「収量が（平成）二二年に比べて多いとか少ないとかで（補償額を決めると）東電は言ってくる。年によって豊作不作があるものなのに、認めない。誰が決めたのか」。補償の対象は伝票に記録の残る売り上げのみで、自家消費分や贈答分は含まれないのも、おかしな話だ。怒りはおさまっていない。聞いていて、それはそうだなと思う。

「ここの部落にとっては、春夏秋冬楽しんでいた全部が奪われた」と工藤さんは言う。

「収穫の喜びもそうだが、くれる（あげる）喜び。俺採ってきたぞ、と、おすそわけする。今年はこうだった、俺はこうだ、というコミュニケーションが奪われた」

山菜やキノコの季節になれば、早い者勝ち、とばかりに人が山に入る土地だった。ふだんは足腰が弱くなって、と気弱につぶやいているお年寄りも、気が付くと「採ってきたばい」とにこにこしている。

「部落で私らが作っていた直売所も、品物が集まらずお客さんもいなくなって休業に追い込まれた。無人直売所も閉鎖になった。一番大きいのは、子どもさんたちが、ここさいられないと。若夫婦はじいちゃん、ばあちゃん残してみな、下に降りました。学童が一人もいなくなりました。小中学校は生徒が一五、六人いましたが、廃校になりました。結果的に家族が崩壊しました。部落でやってきた運動会とか盆踊りとか行事も今年は中止になりました。そういう絆がなくなってしまった」

狩猟をする人たちもいなくなって、昔なら夜暗くならないと出てこなかったイノシシやイノブタが、親子三代でわが物顔で歩いているという。イノシシ除けのために、野菜を植えた畑の周りをぐるりと柵が囲っている。「でも人間をイノシシから囲っているみたいでしょ」

自然農法を提唱し、アジアのノーベル賞と言われるマグサイサイ賞を受賞した福岡正信さんの考えに影響を受けた、と工藤さんは言う。何も足さない。何も引かない。だから、東日本大震災の被災地で復興を掲げながら大規模な太陽光発電所やバイオマス発電所ができることに、不安を感じる。

「あんな大きなのを造っても、全部資本は東京、利益は外に行ってしまう。バイオマスも外国から燃料の木を輸入すれば、その国の資源は枯れて荒れてしまう。それは違うんでないかな」

むしろ、集落単位で使う程度の小規模なバイオマス発電設備なら、地元の木を伐る雇用も生まれ、余熱を農産物生産に使えるのではないかと考える。

事故の翌年、シイタケ原木用に最初に植えたクヌギは、放射性セシウムの指標値五〇ベクレル／キロを下回った。二〇一八年、そのクヌギを原木にしてシイタケの菌を植えた。翌年の春には初めてのシイタケが出るだろう。これまで他県産の原木で栽培したシイタケはセシウムが基準値を下回っている。出荷はできないが、それでも工藤さんは春に「ささやかな希望」を抱く。

「ここで伐った木を使えれば、よその資源を荒らすことなく、ずっと何百年も続けられるのですから」

農園の名前、「妖精の郷」とは、妖精に出会える場所。名付けた工藤さんは、自分たちはその案内人だと自称する。たしかに、胞子を舞わせ菌糸を太らせていくシイタケやキノコは山の妖精、かもしれない。そう呼びたくなる気持ちが分かる気がした。

第七章――木を植える

植林イベントに県外からも

　サッサッサッ。木くずやほこりが出るたびに、ほうきでちりとりに掃き取って捨てる。こまめな動き。そうか、山の仕事は、一つ一つきっちり片付けながら進めていくんだな。

　都路で植林のイベントが予定されていた二〇二一年四月一七日、午後からのイベント開始を前に、準備作業中に目にした光景だ。植林場所の目印であり、また、苗木の添え木にもなる一メートルほどの長さの木の棒、約一〇〇本を、まとめて軽トラに積み込む作業中のことだった。どうしても木くずや泥が地面に落ちてたまる。そのたびに、ほうきを持ってきて素早く掃除していたのは、都路の林業会社「森と里合同会社」の渡辺正二さん（六九）。すっきり足元が片付いて、つられるように、森林組合の二〇、三〇代の若手職員も身軽に動く。この日のイベントを主催する都路の団体「あぶくま山の暮らし研究所」（Abukuma Sustainable Life Institute ＝ＡＳＬＩ）にとって、心強い助っ人だ。

団体が初めて開いた植林のイベントだ。遠くは埼玉、大阪からを含め地元内外の約三〇人が参加した。植えるのは、オオモミジにコブシ、クロモジ、ヤマボウシ……と花や紅葉が美しい種以外に、アロマや工芸に使われる実用性のある種の苗もある。背丈約五〇センチほどの苗木はひょろりと伸びて、どこか幼く頼りなげで、目印のピンクのリボンを幹に巻き付けられたのが七五三のおめかしのように見える。とにかく準備は整った。

「原発事故により、山の流れは変わった。山から恩恵を受けてきた人間が、何かこれからの方向を見つけようと、『一五〇年の山づくり』を始めるに至ったんです」

団体の代表で都路の森林組合の作業員、青木一典さん（五九）があいさつした。直前まで降っていた雨が上がり、参加者は早速シャベルで土を掘って苗を植え、しっかり根付くよう根元を踏み固めて草で覆い、添え木に結び付けた。水がたまるように根元近くにいくほど土を沈ませておくのを、「水ばち」と言うのだ、と地元の人が教えてくれた。

団体が発足したのは二〇二〇年一月。阿武隈の山、都路の地域のこれからを考えようと、それまでの都路の森林組合を中心とした取り組みを引き継ぐ形で、住民や林業関係者のほか、森林や環境経済の研究者ら一〇人ほどが集まった。

これから山と人の関係をどう築き直すのか、都路で住み続けられる暮らしとは何だろうか。メンバーは話し合い、住民に聞き取りもしてきた。

「誰にも答えは分からない。だからといって、やらなくていいという話にはならない。もがくしかない」と、事務局長で隣町の船引町に住む荒井夢子さん（三五）は語る。

　定期的に会合を持って話し合いをする中から、具体的に動き出した目標の一つが、一五〇年の山づくりだ。一五〇年先には汚染の元凶、放射性セシウム137の濃度も事故時の数パーセントにまで減る。キノコも山菜も問題なく採取できるだろう。そのころ、一五〇年先の世代に引き継ぐことができるような山と暮らしを、いま考えてつくっていこう。

　それは、東日本大震災の翌年から、代表の青木さんが都路でたった一人で始めた行動に端を発している。青木さんは一人で木を植え続けてきた。植えた本数は、もう二〇〇〇本にはなる。いったい、なにを考えてきたのだろう。

きれいに、しまいたい

「あそこ、ススキがはえているでしょう。耕作放棄地です。放っておくとヤナギやササなんかが生えて山にのまれていく。空き家の建物も朽ち果てる。二、三〇年で荒廃地です。それを見るのはしのびない。自然に返したい、きれいにしまいたいんです」

　二〇一九年一一月、都路の頭ノ巣《つぶりのす》地区に青木さんを訪ねると、自宅周辺を車で回って案内しながら、そう話してくれた。標高六〇〇メートル。たしかに、手付かずになったような草むらがあちこちに見えて、そこがかつては田畑であったと聞くと、何ともさびしい気持ちになる。百年単位で見れば、土地が自然の状態に戻っていくということなのだろうが、それまでの間、せっかく人が開いて、汗水流して耕作していた土地が藪になって荒れる状態を「山にのまれる」と言って、地元の人はとても嫌う。そういう声は何度も耳にした。

都路の人口は減り続けている。村だった一九五五年に最多の約五六〇〇人。田舎暮らしにあこがれた都市からの移住者もかつては結構いて、「フレンドリーに受け入れてもらって感じがいい」と口コミで良い評判が広がり、別荘も一五〇棟以上あったほどだ。それでも、原発事故時で人口は約三〇〇〇人、事故後は移住者の多くが出て行った。今の人口は二二〇〇人強と減少は加速。止めるのは難しいと青木さんは考える。

震災後は「復興」の名で行事も数々行われてきたが、「なんぼ笛吹いてもらっても踊るのは大変。地域が活性化しているなんて、ないんです」。元の姿に戻るなんてことは、ない。

妻の節子さん（六七）は言う。

「いい、しまうというのは、先を見越しての準備なんです」

青木一典さんは、都路出身。子どものころから裏山をかけめぐっていたというから、それが今の、どこかのびのびした感じの基にあるのかな、と思う。青年期には飛行機に興味を持ったのだが、その道に進むことは親に賛成してもらえず、仙台市の農業短大で酪農を学んで、都路の実家、一〇ヘクタールの山に戻ってきた。

「周りは家もないですし、何しようが勝手。ずうっと見える所はうちの、何やってもいい自分ち。

何をやっても自由だ。それもここで暮らす魅力の一つと感じたんですよね」

東日本大震災までは、家業の農業をしていた。野菜は朝三時半からキャベツの出荷作業にとりかかり、手間のかかるアスパラガスも、周辺の牛農家の堆肥を畑の底深くに入れ込んで土を良くしながら、おいしく育てていた。地域の循環農業だ。原発事故までは、収穫期の五月に子どもたちがバスで来て、大喜びで収穫体験をしていったこともあった。

ひと工夫したり未開拓の分野に踏み出したりしたが、「なかなか次に続く人がいなかったのが残念だった」。でも、土を触る仕事はおもしろかった。

父親の仕事を継いで牛の放牧もしていたが、牛を飼うのに水やエネルギーをたくさん使うことが環境の面から気になりだしたと言い、飼育頭数を減らしていた。それも、原発事故を機にすっかりやめた。森林組合の作業員になったのは、震災直後の五月のことだ。当時の青木博之都路事業所長に誘われた。初仕事は、沿岸部で津波の被害に遭った遺体の捜索だった。重機を使える作業員は、みな現場に駆り出された。

木を植え始めたのは、原発事故の起きた年の翌春からだった。

「手を加えながら、少しずつ自然の山に返していきたいと探っているんです。積極的にたたむというのか。放置しておくと、汚い山になる。一〇〇年、二〇〇年たてば別ですが、二、三〇年単位だと汚い。木の生長は時間のかかる代物ですから、今からやっておかないと間に合わない」

イロハモミジやイタヤカエデ、ヤマモミジ、メグスリノキ。秋に葉が赤く色づく樹種ばかりを選んだ。山全体を赤く染めあげるようにしたいという。後世の人たちが、おもしろがって見てくれればいいな、と思ってのことだ。

近くの土手や道路沿いなど、あちこちに植えている。日ごろから草刈りも欠かさない。本当は耕作放棄地にも植えたいが、農地法による「農地」に分類されているので、そのままでは木を植えられない。木を植えるためには用途の「転用」をしなくてはならず、地元市町村の農業委員会の議論を経て、都道府県知事が許可しなくてはならない。都路で簡単に許可されるかどうかは分からないが、これからそうしたハードルも越えていきたいと考えている。

植えても枯れてしまったり、好奇心旺盛なイノシシにいたずらされて倒されたり――。すべてうまくはいかないけれど、一本、一本、植えていく。

青木さんは、森林組合の仕事がとても楽しい、と言う。

「木を伐るときに、先人はどういう思いでこの木を植えたのかとよく考える。木を植える時には未来のことを考える。木の生長は時間がかかるから、植えた人は完成した姿を見ることはできないけれど、山に携わる人の意志や思いはつながっていくといいな」

植えた木が伸び悩んでいたりすると、大きくなれよ、と肌をなでることもあるとか。そういう気持ちに自分がなれることがうれしいし、楽しい。

自宅は標高約六〇〇メートルにあって、アンドロメダ銀河も肉眼で見えるという。周りに余計な明かりがないからだ。「寒さと暗さが自慢」と冗談のように言うが、昔の家を梁《はり》を生かして改修し、スギ材のフローリングにした二階まで吹き抜けの屋内は、薪ストーブ一台で十分に暖まり、住宅雑誌で紹介されてもおかしくないほどしゃれている。青木さんと離れに住む両親、節子さんと母親、長女、犬二匹。大雪で二日間停電したときも何も困らなかった。暮らしていくのに青木さんや節子さんが何を大切に思っているかが、伝わってくる。

「暗いのは良くないとか、明るくないとだめとか、なんでも電気に頼ればいいみたいなことは、考え直さなきゃいけないんじゃないの。万年、億年単位の廃棄物、原発はなくてもいいようにみんなで考えないと。それと原発反対といっても、風車を造ればごみになるし、（太陽光）パネル並べれば山が荒らされる。一気にごみになったら同じ」と言う。

「えらそうなことを言うつもりはないけど。俺らは被害者じゃない。自分たちでやるしかない」

一五〇年の山づくり

手を入れながら、山を自然に返していく。木を植えたら、しばらく手入れをしなければ木はよく育たないから、木を植えると決めるのは本当は覚悟がいることだと思う。完成した姿、というのか、生長した木々が織りなす山の姿を思い描きながらの気の長い作業だが、それまで短くても数十年、または一〇〇年以上もの時間がかかるわけだから、植えた人が実際に目にすることはない。そういう山との関わり方を、関わり続けることを、青木さんは引き受けると決めたのだろう。「自然に返していく」とは、これまでいったん人が入った山の今後に、これからも人が関わっていく、ということだ。次の世代の人たちも、きっと山の楽しさをくみとってくれると信じて。

阿武隈の山、都路の暮らしに関心をもったＡＳＬＩのメンバーが、まだ団体の名前もつかなかったころ、地元の人に聞き取りをしていた中で、青木さんのことを知り、青木さんも活動に参加するようになった。「山に触れているのは山の人間でしかない。一歩進めて、ふつうの方がもっと山、森、木に触れることができないかと考えているんです」。そんな青木さんの発想から、外からやってくる人たちの目にも触れやすいところに木を植えよう、と二〇二一年四月の植林イベントは始まった。場所は国道二八八号沿い。行き交う車からも見える土地で、趣旨にぴったりだ。地権者の松本博好さん（六五）が「山は使ってもらうのが一番いい。そうでないと荒れてしまう」と賛同して実現した。原発事故後に出た放射能汚染廃棄物を入れた黒いフレコンパックの置き場に提供していた土地も一部にあったが、フレコンパックは徐々に中間貯蔵施設に運び出されていって、まもなくすべて片付くという頃だった。

一五〇年の山づくりの「一五〇年」には、セシウムの減衰のほかに、もう一つ意味を込めている。明治維新から一五〇年がたち、原発に象徴される、近現代という時代の経済や効率、開発優先の価値観を見直して、地域づくりを考えていこうという発想だ。自然や文化、歴史、先人の営みを基盤に足元の資源を生かしながら、住民と新しい山の暮らしを紡ぐ。

ＡＳＬＩは植林を毎年続け、山づくりの具体的な道筋を専門家にも学びながら、いずれは苗も自前で育てようと考えている。

「自分の時代だけだと行き詰まっちゃうんだけど、頼むな、とリレーする人間を想定すると、別な展開もできるんじゃないかと思うんです」と青木さんは話した。

エピローグ――人は手探りをしていた

きれいだな、と思った。都路の頭ノ巣地区で、山を見ていた時だ。二〇二二年三月一九日、民間団体「あぶくま山のくらし研究所」が主催した二回目の植林イベントに参加して、ヤマボウシやコブシなどの苗木を植えた後のことだ。山の斜面、標高五〇〇メートルほどにある植林場所を、向かい側からもう一度見渡した時、その周囲の山が、散髪した頭のようにすっきりしているように感じたのだ。

朝から風もなく好天で、葉がまだ出る前、幹ばかりのコナラの木々が、積もった落ち葉と共に日差しの中で、ふわふわと連なって見える。イベントに参加していた、ふくしま中央森林組合都路事業所の若手、石井貴宏さんが、「間伐した所です」と教えてくれた。どうりで整っている。人の手が入った山のきれいさ。地区の共有林で、もともとはシイタケ原木用の三〇年生ほどのコナラを七割ほどと多めに間伐をして、新たにコナラの苗木も植えたのだと言う。

ところが、後日、そんな話を別の地区の人と話していた時のこと。「あれでは、原木林としてはだめなんだ」と意外なことを言う。なぜ? 「間伐では、大きな木が残るから、萌芽が育つのが遅くなる。景観にはいいかもしれないが、原木の山にするなら皆伐でなくては」と言うのだ。本編で何度も述べたが、原木は、切り株から伸びた萌芽を大きく育てていく。周りに大きな木があると、生長や日照が阻まれて、伸びが遅くなるという。たしかに最近、都路でも始まったシイタケ原木林再生を目的とした国や県の広葉樹林再生事業は、皆伐である。皆伐して萌芽を育てるのと、新たにコナラの苗木も植えて増やす。伐採場所には重機が行き交う規模の大きさだ。

シイタケ原木林の山をつくっていくなら、コナラがのびのびと早く育つように皆伐したほうがいいし、景観も考えて山をつくるなら間伐で、ということだろうか。

あ、と気が付いた。

そうか、どういう山の姿が良いかは、人によって違うのだ。それぞれの考えによっている。正解はないのかもしれない。

そういえば、この約三年、シイタケ原木の生産が止まった都路に通いながら、他にもいろいろな山づくりをしたり、考えたりしている人に出会った。

頭ノ巣地区の農家、高橋英吉さんは、父親が裏山に植えたヒノキの山の間伐を、そろそろしなければと考えていた。タラノメ、ワラビ、コシアブラ……と山菜もよく出る山で、五月の連休ころには隣町の船引町に住む孫たちが採りにくるのを楽しみに待っている。「もう、この地区は子どもの声がしないんだ。震災以後、みんな出てしまった。あのころ、放射線のある所で子どもを育てられないというのが若い人らにあったから。親としては、それでもいいから来い、とは言われないんですよね。孫のことを考えれば。不安がってるのに無理して……。まずは子どもや孫が遊びに来る楽しみのある山にしないとな」と、山に散策路を開いたり、植物など山にどんなものがあるかを調べたりすることも、地元の住民同士で話し合っていた。

船引町の元シイタケ農家、宗像幹一郎さんは、雑木林を一ヘクタールくらい「メモリアルの山」として、そのまま残そうと考えている。放射線量が数％にまで下がるころ、ひ孫が今の宗像さんと同年代になる見当のころに、山に入って「どうしてこの山は昔のままなの？」と原発事故のことを考えられるように。

合子地区の坪井久夫さんは、重機を操りながら、一人でキャンプ場をつくっていた。都会から人が遊びに来るきっかけになれば、と願いながら。同じ合子地区の坪井哲蔵さんは山の手入れをしながら、伐採したコナラの木が「もったいないから」とシイタケの菌を植えていた。

山からナツハゼの木を畑に移植した馬酔木沢地区の渡辺ミヨ子さんは、いいジャムができるようなナツハゼの木を残して増やしていきたいと思っている。船引町在住の若手美術家、佐藤香さんは原発事故後、都路などで、その土を絵の具にして土絵を描いてきた。二〇二一年からは茅《かや》に着目をして、都路の山の茅場で地元住民と茅を刈り、遺跡の修復に活用。ほかにもいい使い道がないか、模索している。

あぶくま山の暮らし研究所のメンバーは、二〇二二年の秋、ワークショップを開いて、日本ミツバチの巣箱作りに取り組んだ。できた巣箱は春になったら、都路の山に置く予定だ。

モミジやカエデ……秋に葉が赤く染まる木を植えて、真っ赤な山をつくろうとしている頭ノ巣地区の青木一典さんは、一方で、過去にはシイタケ原木用だったコナラをもう六〇年生にも育てて、その足元にケヤキを植える山づくりもしていた。カタクリは咲くし、鳥の巣箱も幹にかける。「こういうナラ林が好きなんだ」と将来を楽しみに夢を抱いて、ちゃめっ気とサービス精神を発揮している。

つまり、山を引き受けていた。経済性も後継者も放射能汚染からの回復も何の見通しも立たない不確かな状況にもかかわらず、一つずつ目の前のことに取り組んで、先人が成してきた暮らしの礎に積み上げを始めていた。その営みは、一〇〇年、二〇〇年先の山の姿や人の生活を考えることにもつながっている。山の生活をつないでいる。これが、東日本大震災と原発事故から約一〇年の広葉樹の山で私が会った人々である。

山に関わる人の思いの数だけ、山の姿もある。人は手探りをしていた。阿武隈の広葉樹の山で、人は動きを止めていなかった。山に生きることを、あきらめてはいない。

それを希望、と呼んでもいいのではないだろうか。

山や森林には「公益的機能」がある、と説明される。多面的機能とも言われ、林野庁のホームページによれば、生物多様性保全、二酸化炭素（ＣＯ２）吸収などの地球環境保全、夏の涼しさなど快適環境形成、土壌保全、水源涵養、保健・レクリエーション、文化、物質生産の八つ。いわば、人間にとって役に立つ山の働きを挙げている。

さて、そう考えるならば、阿武隈の山々には、九つ目の公益的機能がある。放射性セシウムを留める働きだ。

原発事故で山に降り注いだ放射性物質は、自然に減った分以外の九割以上と大半が、地表五センチほどにとどまっている。土中の粘土鉱物に強く吸着されて、ほとんど外に流れ出さない。下流域や周囲の放射能汚染を防いでいることになる。

ただ、そんな機能を山に発揮させてしまったのは、人間の暴挙ゆえの過ちだ。原発周辺には高濃度の汚染により立ち入りできない山も依然残っている。経済と効率優先のあげくに核エネルギーを利用する無理を通して、自然の力の前に破綻した結末が今回の原発事故だ。こんな事故を起こしてしまった情けない人間を、まだ山は守ってくれている。原発は速やかに廃止するのが道理である。

「俺ら、九割の側にいるわけだから」

阿武隈の山でかつて原木シイタケを栽培していた宗像幹一郎さんはそう言った。

山のことを忘れていいはずがない。

あとがき

都路では春にも雪が降る。

そう聞いていたとおり、三月中旬、植林のために訪れた現地は朝から気温〇度ほどに冷え込み、正午前にはみぞれから雪になった。

春の雪は浜側からくる低気圧の前線が落としていくから、水分を含み湿っている。これも地元の人に教わっていたとおりで、しばらく過ぎると屋根からばしゃっとシャーベットのような固まりが滑り落ちた。

そんな天候の中、ヤマザクラの苗木を植えた。あぶくま山の暮らし研究所が年一回開く手作りの植林イベントだ。

第三回となった今年は、地元住民の参加が増えた、とみな喜んでいた。


本書は、東京新聞と中日新聞夕刊文化面に二〇二〇年一〜二月に連載した「広葉樹の里山で人は福島・阿武隈」を基に書き下ろしました。年齢や肩書は取材時の内容です。

都路のみなさん、また取材に応じてくださったみなさんには大変お世話になりました。ありがとうございます。たくさんの人の協力なくしてはなし得ませんでした。関わってくださったすべてのみなさまに心より感謝を申し上げます。

この三月には石川町の阿崎茂幸さんの訃報に接し、まだ信じられないでいるのと同時に、「宿題」が残されたように感じています。

二〇二三年三月

鈴木久美子

*参考文献

・第一章
『都路村史』（1985年　都路村史編纂委員会）
『山林　2016・8』（大日本山林会）
『森の時間に学ぶ森づくり』（2004年　谷本丈夫著・全国林業改良普及協会）
『原発事故と福島の農業』（2017年　東京大学出版会）
『森林の放射線生態学』（2021年　橋本昌司、小松雅史著　三浦覚執筆協力・丸善出版）
『しいたけ栽培の歴史』（宗像農園）
『日本人はどのように森をつくってきたのか』（1998年　コンラッド・タットマン著、熊崎実訳・築地書館）
・第二章
『福島県木炭のあゆみ』（1979年　福島県）
『製炭実態調査報告書　昭和四十二年六月』（福島県農地林務部林産課）
『福島県木炭検査成績』昭和八年度第一輯、昭和九年第二輯、昭和十年第三輯（いずれも福島県木炭検査所）
『福島県林政史』（1999年　福島県林政史編纂委員会）
『木炭』（2002年　樋口清之著・法政大学出版局）
『図解よくわかる炭の力』（2014年　炭活用研究会編著・日刊工業新聞社）
『枕草子』（清少納言）
『林野』（2015年・No97）
・第四章
『チェルノブイリ視察報告書』（福島県原木椎茸被害者の会チェルノブイリ派遣団）

・第五章
『入会林野とコモンズ――持続可能な共有の森』（２００４年　室田武、三俣学著・日本評論社）
『林野をめぐる権利関係の特殊性』（黒木三郎著・早稲田法学）
『入会権の解体Ⅲ』（川島武宜、潮見俊隆、渡辺洋三編・岩波書店）
・ホームページ
「森産業」「日本きのこセンター」「一般社団法人全国燃料協会」「日本産・原木乾しいたけをすすめる会」

●著者プロフィール

鈴木久美子（すずき・くみこ）…1967 年愛知県生まれ。東京新聞（中日新聞東京本社）記者、生活部長。京都大学法学部卒業後、中日新聞社に入社し、ごみ問題や環境教育、森林と人の暮らしなどを取材。2019 年から福島県田村市都路町に通っている。

本橋成一（もとはし・せいいち）…写真家、映画監督。九州・北海道の炭鉱の人々を撮った作品『炭鉱 “ヤマ”』で、1968 年第 5 回太陽賞受賞。以後、サーカス、上野駅、築地魚河岸、大衆芸能など、市井の人々の生きざまに惹かれ写真を撮りつづける。1998 年写真集『ナージャの村』で第 17 回土門拳賞受賞。

山《やま》に生《い》きる 福島《ふくしま》・阿《あ》武《ぶ》隈《くま》
——シイタケと原木《げんぼく》と芽吹《めぶ》きと

2023年5月18日　初版第一刷

著　者　鈴木久美子・本橋成一 ©2023
発行者　河野和憲
発行所　株式会社 彩流社
〒101-0051　東京都千代田区神田神保町3-10　大行ビル6階
電話　03-3234-5931
FAX　03-3234-5932
http://www.sairyusha.co.jp/

編　集　出口綾子
装　丁　渡辺将史
印刷　モリモト印刷株式会社
製本　株式会社難波製本

Printed in Japan　ISBN978-4-7791-2892-9 C0036